U0352498

本书编写组成员

主　编：聂志强

副主编：李　扬　赵子鹰

参　编（按汉语拼音排序）：

何　洁　刘　锋　田书磊　王祖光

岳　波　杨玉飞　杨子良　朱雪梅

重点行业二噁英控制技术手册

Ⅰ

聂志强　主编

李　扬　赵子鹰　副主编

中国环境出版社·北京

图书在版编目（CIP）数据

重点行业二噁英控制技术手册. 1/聂志强主编. —北京：
中国环境出版社，2014.8
ISBN 978-7-5111-1935-3

Ⅰ．①重…　Ⅱ．①聂…　Ⅲ．①二噁英—有机污染
物—污染防治—技术手册　Ⅳ．①X5-62

中国版本图书馆 CIP 数据核字（2014）第 140229 号

出 版 人　王新程
责任编辑　李卫民
责任校对　唐丽虹
封面设计　宋　瑞

出版发行　**中国环境出版社**
　　　　　（100062　北京市东城区广渠门内大街 16 号）
　　　　　网　　　址：http://www.cesp.com.cn
　　　　　电子邮箱：bjgl@cesp.com.cn
　　　　　联系电话：010-67112765（编辑管理部）
　　　　　发行热线：010-67125803，010-67113405（传真）
印　　刷　北京中科印刷有限公司
经　　销　各地新华书店
版　　次　2014 年 8 月第 1 版
印　　次　2014 年 8 月第 1 次印刷
开　　本　787×1092　1/16
印　　张　7.75
字　　数　100 千字
定　　价　16.00 元

前　言

持久性有机污染物（POPs）是具有环境持久性、可远距离传输并随食物链在动物和人体中累积和放大、具有普遍生物毒性的有毒有机污染物。由于 POPs 具有环境持久性和长距离迁移性，这些污染物可以通过全球蒸馏效应（Global distillation）或蚱蜢跳效应（Grass-hopping）在全球范围内迁移、循环，引起全球范围的污染。POPs 具有致癌、致畸和内分泌干扰等毒性，并以极强的亲脂性能够在生物脂肪内进行积累并沿着食物链逐级放大，对生态环境和人类健康造成潜在的危害。

2001 年 5 月，经多轮谈判，旨在全球范围内淘汰和削减 POPs 的《关于持久性有机污染物的斯德哥尔摩公约》（以下简称《公约》）在瑞典斯德哥尔摩开放签署。该公约已于 2004 年 11 月 11 日对我国正式生效。2007 年，国务院批准了《中国履行〈关于持久性有机污染物的斯德哥尔摩公约〉国家实施计划》，标志着我国履约具体行动的全面启动。

二噁英类 POPs 是《公约》首批管控的 POPs 之一。二噁英类 POPs 是多氯代二苯并-对-二噁英（Polychlorinated dibenzo-pdioxins，PCDDs）和多氯二苯并呋喃（Polychlorinated dibenzofurans，PCDFs）的总称，它

们是一类氯代三环芳香化合物，具有难降解、高脂溶性和高毒性的特点，可以在食物链中富集放大，并能够通过各种传输途径进行全球性迁移。根据《公约》，下列工业来源类别是主要排放源：①废物焚烧炉，包括城市生活垃圾、危险废物或医疗废物焚烧炉；②供热和发电，包括化石燃料电厂、生物质电厂等；③化学品的生产和使用，包括制浆造纸生产、含氯化工生产等；④冶金工业中的热处理过程，包括再生有色金属生产、铁矿石烧结、炼钢生产等。

前期（2006—2008）调查工作表明：铁矿石烧结、炼钢生产、再生有色金属生产、废弃物焚烧是我国主要的二噁英排放行业。本手册首先针对再生有色金属生产行业（包括铜、铝、铅、锌）和废弃物焚烧行业，介绍了当前我国针对上述行业二噁英环境管理的法规标准，并通过研究我国行业发展现状，提出了二噁英控制的要求与推荐技术措施。

本手册共分7章，第1章介绍了二噁英的环境管理，包括战略与规划、清单管理、专项政策、污染控制相关标准等；第2章介绍了最佳可行技术（Best Available Techniques，BAT）和最佳环境实践（Best Environmental Practices，BEP），并分析了其技术要求和适用性；第3章介绍了包括生活垃圾焚烧、危险废物焚烧（包括医疗废物）在内的焚烧行业的二噁英污染控制要求与技术；第4章到第6章，从行业发展、生产工艺、二噁英形成因素、推荐技术等方面，介绍了再生有色金属生产行业的二噁英污染控制要求与技术。

本手册可供工程管理及技术人员和各级化学品及固体废物管理部

门的工作人员参考，并可为相关行业的科研人员和教师提供参考。

　　本手册在编写过程中参考了前辈学者的著作以及相关领域的科研成果，特向这些学者致以深深的谢意。限于水平，本手册存在疏漏在所难免，敬请专家、同行和广大读者批评指正。

编者

2013 年 12 月

目 录

第1章　二噁英的环境管理

1.1　二噁英控制战略与规划

作为国家控制 POPs 的框架性指导文件,《中国履行〈关于持久性有机污染物的斯德哥尔摩公约〉国家实施计划》(以下简称《国家实施计划》)提出了我国 POPs 控制的国家战略(包括总体目标、优先领域、具体目标),有关二噁英部分明确了我国分阶段的二噁英控制战略目标和行动计划。针对废物焚烧行业、造纸行业(有氯漂白)、钢铁行业、再生有色金属生产行业、遗体火化、化工行业等主要行业,提出以下具体目标:①到 2008 年,基本建立无意产生 POPs 重点行业有效实施 BAT/BEP 的管理体系,实现对重点行业的新源应用 BAT,促进 BEP;②2010年完成部分重点行业现有源减排示范;③到 2015 年建立重点行业排放源的动态监控和数据上报机制;④2015 年,对重点行业推行 BAT/BEP,基本控制二噁英排放的增长趋势。

为深入贯彻落实《国家实施计划》,加快解决影响可持续发展和损害人民群众健康的持久性有机污染物环境污染问题,保障和改善民生,基于全国持久性有机污染物调查结果,根据国民经济和社会发展"十二五"规划纲要、国家环境保护"十二五"规划和《国家实施计划》的有关目标和要求，环保部组织制定了《全国主要行业持久性有机污染物污染防治"十二五"规划》（以下简称《规划》），该《规划》于 2012 年 7 月颁布实施。《规划》以 2008 年为基准，提出了规划目标年 2015 年的控制目标。《规划》以优先整治高风险以及集中整治重点地区、主要行业和企业污染为主线，着力控制重点行业和地区二噁英类等持久性有机污染物排放，解决高风险持久性有机污染物废物和污染场地问题，努力消除持久性有机污染物环境安全隐患，保障人民健康和环境安全。《规划》共分为 6 个部分，提出了"十二五"期间持久性有机污染物污染防治工作的基本原则、目标和指标，明确了工作重点和优先领域，列出了重点项目、资金需求和来源，提出了相关保障措施。

加强二噁英污染防治是《规划》的重点任务，具体措施包括：①严格环境准入，预防新源二噁英类持久性有机污染物污染问题；②加快淘汰落后产能，加快淘汰重点行业落后产能和设施；③实施减排工程，落实《关于加强二噁英污染防治的指导意见》以及相关标准、技术规范和指南等要求，推进现有排放源采用二噁英削减和控制的工艺技术和工程措施；④加快开展最佳可行技术和最佳环境实践（BAT/BEP）技术示范，二噁英排放企业，尤其是位于重点地区和环境敏感区域的企业，应积极探索二噁英、氮氧化物与二氧化硫等多种污染物的协同减排技术，并开展示范；⑤加强二噁英排放的监管，督促重点行业排放源达标排放；⑥开展总量控制试点，在排放源密集和排放量较大的京津冀、长三角、珠三角等区域，选择有条件的区域，研究制订二噁英总量控制试点方案，开展二噁英排放总量控制试点及区域二噁英联防联控试点，积累试点经验。

"十二五"期间，将大力完善环境管理政策法规标准体系，加强监测、监管能力建设。修订行业准入政策，将不利于二噁英减排、规模相对较小或者落后的工艺和设施列入淘汰目录；完善清洁生产评价指标体系，将二噁英削减和控制作为清洁生产的重要内容；制修订重点行业环境影响评价技术导则和污染防治技术规范、持久性有机污染物废物环境无害化管理和处置技术导则，将二噁英等持久性有机污染物作为重点管控物质。

1.2　二噁英排放清单管理

1.2.1　二噁英排放清单调查

掌握我国二噁英的排放现状，是制订我国二噁英减排战略与规划的基础。2006 年，环境保护部组织开展全国 POPs 调查（环发〔2006〕207 号）。对于废弃物焚烧、铁矿石烧结、炼钢生产、再生有色金属冶炼、化工生产等 17 个主要二噁英排放源开展了全面调查，初步查明了万余家企业 2 万余个装置的情况，筛选出了铁矿石烧结、炼钢生产、再生有色金属生产、废弃物焚烧四个重点行业和长三角、珠三角、京津冀等重点区域，建立了 POPs 排放源信息管理系统。2009 年，环保部组织开展全国 POPs 更新调查工作（环办〔2009〕83 号），进一步明确了重点行业和重点区域。

1.2.2　统计报表制度

为巩固"十一五"POPs 调查工作成果，掌握我国 POPs 污染源动态变化情况，建立 POPs 污染防治长效监管机制，经国家统计局批准（国统制〔2011〕26 号），环保部于 2011 年起组织实施持久性有机污染物统计报表制度（以下简称"统计报表制度"）（环办〔2011〕81 号）。

持久性有机污染物统计报表制度主要针对两类污染物：二噁英和多氯联苯（PCBs）。其中二噁英的统计范围为：废弃物焚烧、制浆造纸、水泥窑共处置固体废物、铁矿石烧结、炼钢生产、焦炭生产、铸铁生产、再生有色金属生产、镁生产和遗体火化 10 个主要行业，统计对象为以上行业中符合统计条件的产业活动单位，统计内容包括企业的基本情况、产品产量、生产工艺及二噁英排放及其变化情况等。

1.3　二噁英类 POPs 专项政策

1.3.1　关于加强二噁英污染防治的指导意见

2010 年 10 月 19 日环境保护部等九部委联合发布了《关于加强二噁英污染防治的指导意见》（以下简称《指导意见》）。《指导意见》提出了二噁英减排的具体目标：到 2015 年，重点行业二噁英排放强度降低 10%，基本控制二噁英排放增长趋势。提出坚持全面推进、重点突破原则，对现有的二噁英产生源要采取积极的污染防治措施，重点抓好铁矿石烧结、电弧炉炼钢、再生有色金属生产、废弃物焚烧等重点行业二噁英的污染防治工作。同时考虑到相关企业的区域分布，提出在京津冀、长三角、珠三角等重点区域开展二噁英排放总量控制试点。同时，《指导意见》提出了建立二噁英污染防治长效机制的要求，提出各级环保部门要结合当地实际情况，摸清二噁英污染源和排放现状，确定二噁英削减和控制目标，提出相应措施，编制辖区持久性有机污染物污染防治规划。《指导意见》提出了逐步建立促进企业主动削减的经济政策体系，鼓励企业采用有利于二噁英削减的生产方式。同时，通过合理的经济补偿和政策引导，加快二噁英污染严重的企业有序退出。

1.3.2　二噁英污染防治技术政策

《二噁英污染防治技术政策》的目的主要是全面推行适合我国国情的二噁英削减最佳控制技术，为促进我国产业结构优化、切实推进重点行业二噁英污染控制和建立完善的二噁英污染防治长效机制提供技术支撑。通过制定实施《二噁英污染防治技术政策》，可以为我国二噁英排放行业污染控制技术管理提供依据，满足我国重点行业二噁英减排的迫切需求，为实现二噁英减排提供支持。《二噁英污染防治技术政策》适用于铁矿石烧结、电弧炉炼钢、再生有色金属生产、废物焚烧等重点排放行业的二噁英污染防治。主要包括：①源头削减技术措施；②过程控制技术措施；③末端治理技术措施；④鼓励研发的新技术；⑤运行管理要求。

1.4　二噁英环境管理标准体系

环境管理标准体系包括环境质量标准、污染控制标准、监测方法标准、样品标准及其技术规范与指南等，这里只针对重点行业中再生铜、铝生产行业和废弃物焚烧行业进行介绍。

1.4.1　二噁英环境质量标准

环境质量标准体现国家的环境政策目标，是衡量环境是否受到污染的尺度，是制订环境规则、环境管理政策和污染物排放标准的依据。它既是评价环境质量优劣的客观尺度，也是环境管理与污染控制的量化指标，在国家环境保护工作中处于重要地位。因此，在环境质量标准中增加二噁英限值，对二噁英的环境管理有重要的引领作用。目前颁布实施的《环境空气质量标准》（GB 3095—2012）、《地表水环境质量标准》（GB 3838—2002）、《土壤环境质量标准》（GB 15618—1995）均未涉及二噁英限值。

1.4.2　二噁英污染控制标准

1.4.2.1　《生活垃圾焚烧污染控制标准》

《生活垃圾焚烧污染控制标准》（GB 18485—2014）中规定：新建生活垃圾焚烧设施排放烟气中污染物浓度执行新的限值，其中二噁英排放限值为 0.1 ng TEQ/m^3。生活污水处理厂污泥以及其他非危险工业固体废物的专用焚烧设施排放烟气中的二噁英类污染物浓度，按照焚烧炉规模执行不同的排放限值：＞100 t/d，0.1 ng TEQ/m^3；50～100 t/d，0.5 ng TEQ/m^3；＜50 t/d，1.0 ng TEQ/m^3。

1.4.2.2　《危险废物焚烧污染控制标准》及相关技术规范

在排放限值方面，《危险废物焚烧污染控制标准》（GB 18484—2001）规定：二噁英排放限值 0.5 ng TEQ/m^3。在技术参数上，《危险废物焚烧污染控制标准》提出焚烧炉温度应达到 1 100℃以上，焚烧炉烟气停留时间应在 2.0 s 以上，燃烧效率大于 99.9%，焚毁去除率大于 99.99%。焚烧炉出口烟气中的氧气含量应为 6%～10%（干气），焚烧炉运行过程中要保证系统处于负压状态（避免有害气体逸出），焚烧炉必须有尾气净化系统、报警系统和应急处理装置。

《危险废物集中焚烧处置工程建设技术规范》（HJ/T 176—2005）规定：

①危险废物入炉前需根据其成分、热值等参数进行搭配，危险废物的搭配应

注意相互间的相容性，以保障焚烧炉稳定运行，避免不相容的危险废物混合后产生不良后果。

②整个焚烧系统运行过程中应处于负压状态，避免有害气体逸出。

③应设置二次燃烧室，并保证烟气在二次燃烧室 1 100℃以上停留时间大于 2 s。

④危险废物焚烧的热能利用应避开 200～500℃温度区间。

⑤烟气净化系统的除尘设备应优先选用袋式除尘器。若选择湿式除尘装置，必须配备完整的废水处理设施。在中和反应器和袋式除尘器之间可喷入活性炭或多孔性吸附剂，也可在布袋除尘器后设置活性炭或多孔性吸附剂吸收塔（床）。

⑥自动控制的主要内容应根据焚烧厂的规模和各工艺系统的设置情况确定。一般可包括：进料系统控制、焚烧系统控制、热能利用系统控制和烟气净化系统控制等。

1.4.2.3　《医疗废物焚烧污染控制标准》

在二噁英排放限值方面，医疗废物焚烧污染控制遵从《危险废物焚烧污染控制标准》，执行二噁英排放限值 0.5 ng TEQ/m³。

《医疗废物集中焚烧处置工程技术规范》（HJ/T 177—2005）规定：

①应根据医疗废物特性和焚烧厂处理规模选择合适的焚烧炉炉型，严禁选用不能达到污染物排放标准的焚烧装置。应选择技术成熟、自动化水平高、运行稳定的焚烧炉，严禁采用单燃烧室焚烧炉、没有自控系统和尾气处理系统的焚烧装置。

②正常运行期间，焚烧炉内应处于微负压燃烧状态。

③控制二次燃烧室烟气温度≥850℃，烟气停留时间≥2.0 s；焚烧炉出口烟气中的氧含量应控制在 6%～10%（干气）。

④烟气净化系统的末端设备应优先选用袋式除尘器；禁止采用静电除尘器；

不应单独使用机械除尘设备；湿式除尘设备，必须配备完整的废水处理设施；活性炭喷射装置应与布袋除尘器同时有效运行。

⑤废物燃烧产生的高温烟气应采取快速冷却措施，控制烟气在 200～500℃温度区间的停留时间小于 1 s，快速冷却措施可与脱酸或除尘工艺相结合。

1.4.2.4　再生铜生产行业污染控制标准

在二噁英排放限值方面，2010 年 11 月发布的《再生有色金属工业污染物排放标准—铜》（征求意见稿）规定：①在该标准颁布时，现有再生铜生产企业二噁英排放限值为 1.0 ng TEQ/m^3，但在一定缓冲期后，需要执行 0.5 ng TEQ/m^3 的排放限值要求；而对于在该标准颁布后的新建企业，执行 0.5 ng TEQ/m^3 的排放限值要求。②该标准首次对企业边界大气污染物浓度给出限制，规定企业边界大气二噁英任何 1 h 平均浓度不大于 0.6 pg TEQ/m^3。

在生产设备的要求上，《铜冶炼行业准入条件》对再生铜行业有严格的生产和环保要求，禁止利用直接燃煤的反射炉熔炼废杂铜。

1.4.2.5　再生铝生产行业污染控制标准

2010 年 11 月发布的《再生有色金属工业污染物排放标准—铝》（征求意见稿）规定：①2011 年 7 月 1 日至 2013 年 6 月 30 日，现有再生铝企业二噁英排放限值为 1.0 ng TEQ/m^3，但在 2013 年 7 月 1 日后，再生铝生产二噁英排放限值执行 0.5 ng TEQ/m^3 的排放限值要求；而对于 2011 年 7 月 1 日后的新建企业，执行 0.5 ng TEQ/m^3 的排放限值要求。②该标准首次对企业边界大气污染物浓度给出限制，规定企业边界大气二噁英任何 1 h 平均浓度不大于 0.6 pg TEQ/m^3。

在生产设备的要求上，《铝行业准入条件》对再生铝行业有严格的生产和环保要求：新建及现有再生铝项目，废杂铝的回收、处理必须采用先进的工艺和设备，禁止利用直接燃煤的反射炉，禁止采用坩埚炉熔炼再生铝合金。

1.4.2.6 再生铅生产行业污染控制标准

在二噁英排放限值方面，目前发布的《再生有色金属工业污染物排放标准——铅》（征求意见稿）规定：①2011 年 7 月 1 日至 2013 年 6 月 30 日，现有再生铅企业二噁英排放限值为 1.0 ngTEQ/m^3，但在 2013 年 7 月 1 日后，再生铝生产二噁英排放限值执行 0.5 ngTEQ/m^3 的排放限值要求，而对于 2011 年 7 月 1 日后的新建企业，一律执行 0.5 ngTEQ/m^3 的排放限值要求；②该标准首次对企业边界大气污染物浓度给出限制，规定企业边界大气二噁英任何 1 小时平均浓度不大于 0.6 pgTEQ/m^3。

在生产设备的要求上，《再生铅行业准入条件》对再生铅行业提出了明确的要求：新建及现有再生铅项目，废杂铅的回收、处理必须采用先进的工艺和设备。必须有节能措施，确保符合国家能耗标准。

1.4.2.7 再生锌生产行业污染控制标准

对于再生锌行业，目前没有针对性的相关污染控制标准及相关清洁生产标准。

1.4.2.8 水泥窑协同处置固体废物污染控制标准

2014 年 3 月实施的《水泥窑协同处置固体废物污染控制标准》（GB 30485—2013）规定了协同处置固体废物水泥窑的设施技术要求、入窑废物特性要求、运行操作要求、污染物排放限值、生产的水泥产品污染物控制要求、监测和监督管理要求。

该标准适用于利用水泥窑协同处置危险废物、生活垃圾（包括废塑料、废橡胶、废纸、废轮胎等）、城市和工业污水处理污泥、动植物加工废物、受污染土壤、应急事件废物等固体废物过程的污染控制和监督管理。

该标准规定：协同处置固体废物水泥窑大气污染物最高允许排放浓度，二噁英的排放标准限值是 0.1 ng TEQ/m³。

1.4.3　二噁英类 POPs 监测方法标准

现有的二噁英监测方法标准包括：《水质　二噁英　同位素稀释高分辨气相色谱—高分辨质谱法》（HJ 77.1—2008）、《环境和空气　二噁英类的测定　同位素稀释高分辨气相色谱-高分辨质谱法》（HJ 77.2—2008）、《固体废物　二噁英　同位素稀释高分辨气相色谱-高分辨质谱法》（HJ 77.3—2008）、《土壤和沉积物　二噁英类的测定　同位素稀释高分辨气相色谱-高分辨质谱法》（HJ 77.4—2008）、《食品中二噁英及其类似物毒性当量的测定》（GB/T 5009.205—2013）、《饲料中二噁英及二噁英类多氯联苯的测定　同位素稀释-高分辨气相色谱-高分辨质谱法》（GB/T 28643—2012）。

第 2 章 有关二噁英削减控制的《BAT/BEP 技术导则》及适用性

2.1 有关二噁英削减控制的《BAT/BEP 技术导则》

《针对斯德哥尔摩公约第五条和附件 C 的最佳可行技术和最佳环境实践》（《Guidelines on Best Available Techniques（BAT） and Provisional Guidance on Best Environmental Practices（BEP）relevant to article 5 and annex c of the Stockholm Convention on Persistent Organic Pollutants》，简称《BAT/BEP 技术导则》），是由《关于持久性有机污染物的斯德哥尔摩公约》秘书处颁布的，针对并应对《斯德哥尔摩公约》附件 C 所列的化学品[多氯二苯并对二噁英（PCDD）、多氯二苯并呋喃（PCDF）、多氯联苯（PCB）和六氯代苯（HCB）] 的技术导则。根据《斯德哥尔摩公约》相关要求，缔约国应使用并广泛倡导"最佳可行技术"（Best Available Techniques，BAT），并同时推进"最佳环境实践"（Best Environmental Practices，BEP），故《BAT/BEP 技术导则》对缔约方是具有普遍适用性和一定强制性的技术导则。

《BAT/BEP 技术导则》共 6 章。第 1 章简介，包含了以下几部分：对于文件目的和结构的简介；对于斯德哥尔摩公约附件 C 所列出的化学品的性状和危险性的描述；《斯德哥尔摩公约》中第 5 条和附件 C 中的相关条款；根据条款所应采取的相应措施的总结；这些条款与《巴塞尔公约》中有关危险废物的转移与处置相关条款的关系。

第 2 章主要提供了使用替代技术的指南，包括对于新的污染源应用最佳可行技术（BAT）时可能会用到的清单和《斯德哥尔摩公约》中的其他相关信息。

第 3 章概括了主要的应用指南，适用的原则以及处理多污染源问题时的注意事项。

第 4 章汇编了出现在第五章和第六章的每一种污染源的相应总结。

第 5 章和第 6 章包括针对附件 C 第二和第三部分中的每一种排放源的特定指导方针。对每一类排放源都包含如下信息：工艺过程描述；附件 C 所列化学品的排放源；初级和二级处理措施；执行标准；工作绩效报告；案例研究。

2.2 《BAT/BEP 技术导则》关于废弃物焚烧行业的相关要求及适用性

2.2.1 《BAT/BEP 技术导则》的相关要求

妥善维护的设备、受过良好培训的操作人员、公众对焚烧过程长期的关注等这些因素，对于减小废物焚烧过程中 UP-POPs 的产生和排放非常重要。除此之外，有效的废物管理策略（如废物量最小化、源头分类以及循环利用）可改变待处理废物的体积和性质，显著地影响排放状况。

由于最佳环境实践组成的定义不明确，往往对于最佳环境实践和最佳可行技术的描述会存在一些交叉。最佳环境实践部分所列的一些实践方法也可能是应用最佳可行技术运行焚烧厂的先决条件。

2.2.1.1　废物管理实践

（1）废物最小化

减少废物总量能够减少废物焚烧过程中污染物的排放量和残渣量。将可生物降解部分用于堆肥并有意识地减小进入废物处理过程的包装材料量，能大大减少废物的体积。

（2）源头分类和回收

可回收物质（如铝及其他金属、玻璃、纸、可回收塑料、建筑和拆建废物）的分类收集能够减小废物的体积，节省有用的资源并能去除不能燃烧的成分。

（3）掌握废物特性

对废物特征和性质有全面的了解是基本要求。不同国家和地区废物的性质可能会千差万别。若某些废物或组分不适于焚烧，则需对其进行分离，同时也需要进行检查、采样和分析。对危险废物来说更是如此。

（4）去除不燃物

对城市生活垃圾焚烧炉来说，在现场去除铁和有色金属是常见操作流程。

（5）缩短存储时间

恒定的废物供应对废物焚烧炉连续稳定运行非常重要，但是也不需要将废物长时间贮存来保证供给。缩短存储时间可以防止发生废物腐败、减少生物化学反应、避免容器标签损坏。对废物配送进行管理，并与废物供给方联系可以保证得到合适的存储时间。

（6）保证物料性质稳定

操作者必须能够准确地估算废物的热值和其他性质以满足焚烧炉的设计参数。可以通过监测物质性质、进料参数来进行调节，取样分析频率和精度要求随着进料变化性增大而增大。

（7）废物装填

对于接受不同种类固体废物的设备，正确混合和装填进料都是非常关键的。装填机的操作人员应该具有丰富的经验，并且能选择合适的废物种类进行混合以保持焚烧炉以高效率运行。

2.2.1.2 焚烧炉运行和管理实践

（1）保证良好的燃烧状况

注意燃烧参数，并对其进行控制。在连续进料单位中，必须着重考虑废物进料时间、燃烧条件控制和燃烧后的管理。

（2）避免冷启动、故障和停工

这些情况的发生意味着燃烧条件较差，增加了 UP-POPs 的生成量。对于序批式小型焚烧炉来说，启动和停工是运行中常见的情况。对焚烧炉进行预热，在焚烧的初始阶段，采用清洁燃料可以迅速达到设计的焚烧温度。在所有模式下，只有当达到要求的焚烧温度（如 850℃ 以上）时，才能进行废物进料。可通过阶段性检查和定期检修来减少故障。

（3）设备常规检查和维护

对于焚烧炉和烟气污染控制设备，应进行例行常规检查以保证设备的完整性和焚烧炉及其组件的合理运行。

（4）监测

对关键的运行参数如一氧化碳（CO）、体积流量、温度和氧含量应监测，以便提高焚烧效率。

（5）残渣的处理

对焚烧炉的炉底物和飞灰必须进行合理的处理、运输和处置。

（6）操作员培训

对工作人员的常规培训是废物焚烧炉合理运行的基本要求。例如在美国，操作员的培训和认证都是由美国机械工程师协会提供的。

（7）提高公众意识

能提高公众意识和参与的有效措施包括：在报纸上发布预先通知，向居民发放信息，征求关于设计和运行的建议，举办公共信息展示，以及经常召开公众会议和论坛。

2.2.1.3　焚烧的最佳可行技术

（1）选址

兴建废物焚烧厂时，需要考虑当地环境质量，区域废物性质，建设成本，残余物回收和处置的可行性，回收能量的可能消费者与价格，当地经济、市场和政治因素。

（2）废物输入和控制的最佳可行技术

保持场地处于整齐和干净状态；控制废物质量。

（3）燃烧的最佳可行技术

通过焚烧炉设计和操作，妥善控制焚烧温度（temperature）、停留时间（time）、湍流程度（turbulence）和空气过剩系数（excess air coefficient），即"3T+E"控制原则，这将有助于确保较好的燃烧条件，提高焚烧效率，同时也能减少碳黑的产生。一般要求：焚烧温度达到或超过 850℃ [废物的卤代有机物含量（以氯计）＞1%的，温度需高于 1 100℃]，二级燃烧室中推荐的停留时间为至少 2 s。

（4）尾气处理的最佳可行技术

尾气处理过程的种类和顺序对设备的最佳运行和总投资的有效性都是非常重要的。影响技术选择的参数包括：废物类型、组成和变化性，燃烧工艺的类型，尾气流量和温度以及废水处理的必要性和可行性。

（5）焚烧残渣管理技术

焚烧炉的残渣包括各种灰分（如底灰、炉灰、飞灰）以及其他气体处理过程的残渣（如湿式洗涤器的石膏）。干式和半干式洗涤器通常比湿式洗涤器的残渣产生量大。此外，这些废物可能包括飞灰（当分离效果差时）、重金属（尤其是汞）和未反应的吸附剂。

2.2.1.4　尾气处理的最佳可行技术

（1）除尘（颗粒物）技术

尾气除尘对所有焚烧炉的运行来说都非常关键，静电除尘器和袋式除尘器对尾气中颗粒物的捕获具有较高的效率。旋风除尘器除尘效果较差，只能作为预除尘除去尾气中的粗大颗粒以降低下游除尘设备的负载。

静电除尘器的捕集效率随着粉尘电阻的增加而降低，当废物的组成变化较快时（如危险废物焚烧炉）应该考虑到这一点。静电除尘器和袋式除尘器应在200℃以下运行，避免二噁英的形成。

应该对通过袋式除尘器的压降和尾气温度（上游使用了洗涤系统时）进行监测，以保证滤饼没有脱落，并且布袋没有泄漏或变湿。袋式除尘器易受水的损坏和腐蚀，气流必须保持在露点（130～140℃）以上，避免损坏和腐蚀。

（2）酸性气体去除技术

湿式洗涤技术可以实现酸性气体的最高去除效率。半湿式洗涤去除效率也较高，并且排放气体无须进一步处理。除了向其中加入碱性物质以去除酸性气体外，加入活性炭也能有效去除二噁英和汞。半湿式洗涤经常在袋式除尘器的上游使用，这样的组合工艺中，袋式除尘器的进口温度显得非常重要。一般要求进口温度在 130～140℃以防止冷凝以及布袋的腐蚀。干式洗涤系统需要较多的试剂和吸附剂，否则无法实现湿式和半湿式的净化效率，而增加试剂则会增加飞灰的体积。

（3）尾气深度处理技术

净化后的尾气送入烟囱之前如果还需要其他的除尘处理，则一般会选择袋式除尘器、湿式静电除尘器和文丘里净化器。双层过滤一般可以实现捕集质量浓度为 1 mg/m^3 或更低的烟气粉尘，烟尘捕集效率高。

（4）氮氧化物（NO$_x$）催化去除技术

尽管选择催化还原的主要作用是减少 NO$_x$ 的排放，这项技术也能对二噁英实现 98%～99.5% 的去除率，但需要尾气重新加热到催化剂运行的适合温度（250～400℃）。如果上游应用了尾气深度处理技术，则能提高选择催化还原系统的效果。大型设备更容易接受选择催化还原技术的成本（包括投资和能量需求）。

2.2.2　《BAT/BEP 技术导则》的适用性

无论是在生活垃圾焚烧方面，还是在危险废物焚烧和医疗废物焚烧方面，《BAT/BEP 技术导则》对炉型的介绍都较为全面，如《BAT/BEP 技术导则》主要针对炉排炉、回转窑和流化床，而我国目前的焚烧厂主要以炉排炉和流化床为主。但是在具体参数的优化问题上，BAT/BEP 技术导则并没有给出较为全面细致的要求，而多以原则性的提法给出建议，而非具体技术参数。其次，在我国废弃物焚烧行业中，尤其是在生活垃圾焚烧过程中，余热锅炉被大量运用回收热能，一般认为，余热锅炉提高了二噁英生成的几率，而这一点，《BAT/BEP 技术导则》并未给出针对性的明确的说明。在末端处理上，《BAT/BEP 技术导则》虽然给出了除尘技术、酸性气体去除技术和尾气深度处理技术等单元技术的基本介绍，但没有就具体焚烧炉型给出具体单元技术推荐；同样，在连接单元技术的工艺组合方面,《BAT/BEP 技术导则》给出的多是国外成功工程实例,诸如欧盟、美国、日本,这就需要依据我国目前的技术工艺,进一步对《BAT/BEP 技术导则》进行细化和完善。

2.3 《BAT/BEP 技术导则》关于再生铜生产行业的相关要求及适用性

2.3.1 《BAT/BEP 技术导则》的相关要求

再生铜生产过程使用的原料包括废铜屑、废弃的电脑配件、电子元件和精炼厂的废渣。冶炼的过程包括预处理、熔融、合金和浇铸。如果冶炼过程中有金属催化剂(例如铜)以及进料中含有类似油、塑料或者绝缘皮之类的有机物,且在不完全燃烧条件下,冶炼温度在 250~500℃,则冶炼过程有可能产生二噁英、多氯联苯(PCB)和六氯代苯(HCB)等非有意排放持久性有机污染物(UP-POPs)。最佳可行技术包括:①原料的预筛选、清洁;②维持冶炼温度在 850℃以上;③冶炼后快速冷却;④采用活性炭吸附和袋式除尘系统。使用了 BAT/BEP 的再生铜生产过程中二噁英的预期排放水平<0.5 ng I-TEQ/m^3。具体如下:

2.3.1.1 一级处理方法

一级处理方法是指针对源头处理和过程管理的污染防治技术,即规避二噁英产生的因素条件,减少或消除持久性有机污染物的生成。可行的措施包括:

(1)原材料的预分类

为了减少由不完全燃烧和从头合成反应所导致的附件 C 清单中化学物质的产生,原料中应该避免有油、塑料和含氯化合物的存在。因此,应该根据原料的组成和可能的污染物对其进行分类。原料的储存、维护和预处理技术应该由进料的尺寸分布和污染状况决定。可考虑的方法包括：

> 原料的除油（例如，在热脱胶和除油工艺之后追加再生燃烧装置以消除废气中的各种有机物）；

> 使用含有高效除尘器的研磨技术，由此得到的颗粒可以使用密度法或气选分离法进行处理以再生有价值的金属；

> 剥去电线的绝缘皮以去除塑料（例如，利用可能的低温技术使塑料变脆且易于分离）；

> 通过原料的充分混合以获得均一的进料，从而有利于使生产条件处于稳定状态。

其他除油技术还包括使用溶剂和碱洗，而低温去皮则可以用来除去电缆的绝缘外皮。利用含清洁剂的水溶液来清洗原料也是一种潜在的除油技术。如果用这种方法，作为污染物的油还能被回用。

（2）有效的过程控制

过程控制系统可以用来保持工艺的稳定性和调节工艺参数，从而最大限度地减少二噁英的产生，例如保持炉温在 850℃以上以破坏二噁英。在某些领域里（例如废弃物焚烧），已经能够对排放物中的二噁英进行连续采样监测，但是在其他领域的应用则仍在研究当中。如果不能对二噁英进行连续采样监测，那么对于其他一些变量，例如温度、停留时间、气体组成和烟尘收集装置的控制，就应该进行连续监测，同时还应该将工艺参数稳定在最佳操作条件水平以减少二噁英的排放。

2.3.1.2　二级处理方法

二级处理方法是指针对末端的污染控制技术。这些方法并不会消除污染物的产生，但是可以抑制或者减少二噁英的排放。

（1）烟尘和大气污染物的回收

对于控制无规则的排放，封闭的熔炉是必不可少的，同时它也可以保证热量的重复利用和尾气的收集，然后可以用于工艺的循环。正确地设计防尘罩和管道系统则是捕捉烟尘的基本条件。使用智能的气闸控制系统可以改善烟尘捕捉效率、减小风扇尺寸和相关的费用。使用带有封闭装料车的反射炉能够抑制装料时的污染物排放，从而显著地减少无规则排放。

（2）高效除尘

熔炼过程中产生了大量的颗粒物，这些颗粒具有很高的比表面积，二噁英可能在这些颗粒表面上形成并且吸附在上面。因此，应去除这种含有相关金属化合物的粉尘以减少污染物的排放。尽管湿式或干式的洗涤除尘器和陶瓷过滤器也值得考虑，但是袋式除尘器是有效实用的技术。收集到的粉尘必须在高温熔炉中进行处理以破坏二噁英，并且回收金属。为了检测过滤袋是否饱和，必须使用相关设备连续监测袋式除尘器的运行状况。其他的一些相关技术也在发展，其中包括在线清洁方法和使用催化性的涂层破坏二噁英。

（3）后续燃烧和急冷

后续燃烧应该在不低于 950℃的温度下进行以确保有机物的完全燃烧。紧接着，高温气体快速地急冷到 250℃以下。从熔炉的上部通入氧气会促进有机物的完全燃烧。实践表明，二噁英是在 250～500℃温度区间内形成的。在氧气充足和大于 850℃高温的情况下，它们又会被破坏。但是，当必要的前驱物和催化剂存在时，气体在通过尾气净化系统和熔炉冷却区域的再形成窗口的冷却过程中，从头合成反应仍然可能发生。因此，恰当地控制冷却系统，从而最大限度地减少废气在从头反应温度区间的停留时间，也是很有必要的。

（4）活性炭吸附

活性炭具有大的比表面积，因此能够用来吸附二噁英。用活性炭去除尾气中的污染物，既可以用固定床或者移动床反应器，也可以将粉末炭注入气流中，再用诸如袋式除尘器之类的高效除尘系统去除这些活性炭颗粒。

2.3.2　《BAT/BEP 技术导则》的适用性

在工艺上，《BAT/BEP 技术导则》重点针对再生铜阳极炉工艺，提出了相应的原料预处理、过程控制和末端控制措施，而我国再生铜生产工艺除了阳极炉工艺之外，按废料组分的不同，还运行着一段法、二段法和三段法三种火法熔炼工艺。工艺不同，二噁英产生节点将有所区别，二噁英控制措施也不尽相同，《BAT/BEP 技术导则》无法覆盖我国现在其他主流工艺。

在末端控制上，《BAT/BEP 技术导则》提出的设置二燃室、设置急冷设备、安装粉尘收集装置和活性炭吸附装置等，作为我国再生铜生产过程二噁英控制措施是可行的。

2.4　《BAT/BEP 技术导则》关于再生铝生产行业的相关要求及适用性

2.4.1　《BAT/BEP 技术导则》的相关要求

再生铝生产是指利用回收的铝产品重新熔炼生产铝的过程，它主要包括：预处理、熔炼和精炼三个步骤。在生产过程中需要用到燃料、助熔剂和合金，还需要添加氯气、氯化铝或者氯代有机物来去除其中的镁元素以提高金属的纯度。如果炼制的原料中含有有机物和含氯化合物，燃烧不完全，温度在 250～500℃的范围，则冶炼过程有可能产生二噁英、多氯联苯（PCB）和六氯代苯（HCB）等非有意排放持久性有机污染物。

最佳可行技术包括：①使用先进燃烧炉；②原料的预筛选、清洁，保证原料无氯和无油；③冶炼后快速冷却；④采用活性炭吸附和袋式除尘系统，同时在从熔融物中去除镁的过程中避免使用六氯乙烷等。使用了 BAT/BEP 的再生铝生产过程中二噁英的预期排放水平＜0.5 ng I-TEQ/m³。

2.4.1.1　一级处理方法

一级处理方法是指针对源头处理和过程管理的污染防止技术，即规避二噁英产生的因素条件，减少或消除其生成。可行的措施包括：

（1）进料的预分类

应减少在不完全燃烧或从头合成途径中可能生成二噁英的物质的含量以减少二噁英的生成，包括进料中所含的油、塑料和氯化物等有机物质。原料的分类应当在熔融前进行，这样可以保证选择适合于熔炉种类和处理系统的原材料进行熔炼，并且容许将不适合的原材料运送到其他适合的设备进行处理。这可以避免或最小化在熔炼过程中氯化物盐熔剂的使用。

在预处理过程中，原材料应去除油、油漆和塑料。有机物和含氯化合物的去除可以减少潜在的二噁英的生成量，所使用的方法包括金属屑离心分离机、金属屑烘干机和其他的热去除技术。为脱油而进行的热去除和脱油工艺之后应进行补充燃烧，这样可以去除废气中的有机物质。

（2）有效的过程控制

使用过程控制系统，可以维持生产过程的稳定，并且通过参数调节使二噁英的产生最小化，例如维持熔炉的温度在 850℃ 以上可以去除二噁英。

（3）除镁

使用六氯乙烷片除镁已经被证实会导致高含量的二噁英的排放，尤其是六氯苯，因此这种方法已经在欧洲被禁止使用。这是生产工艺中很重要的一个方面。考虑到实际、健康、安全和环保等方面的因素，除镁方法的选择需要对可选方法仔细评估。

2.4.1.2　二级处理方法

二级处理方法是指针对末端的污染控制技术。这些方法并不会消除污染物的产生，但是可以抑制或者减少二噁英的排放。

（1）烟气收集

在工艺的各个阶段，烟尘和废气的收集都应在大气排放控制中得到实施。使用密封的进料系统和熔炉是可行的方法。保持熔炉中的负压状态可以阻止因泄漏而产生的污染物的排放。如果无法使用密封的系统，那么至少要使用加盖的设备。熔炉或反应器的罩子是必需的。当一级抽取和烟尘的罩子不可行时，熔炉应当被围住以使得挥发性的气体可以被抽取、处理和排出。从顶部进行烟气收集的其他好处还包括可以减少工作人员在烟尘和重金属下的暴露。

（2）高效除尘

由于颗粒物质具有很大的表面积，二噁英、多氯联苯和六氯代苯可以吸附在这些颗粒物上，因此，有必要对在熔炼过程中产生的颗粒物质进行去除。正确分离和处理这些灰尘有助于控制二噁英。收集到的颗粒物应当在高温炉中进行处理，这样不仅可以去除其中所含的二噁英，还可以回收其中的金属。可以使用的方法包括使用过滤除尘、干湿洗涤器和陶粒过滤器。在纤维滤带上使用有催化作用的材料可以通过氧化去除二噁英，同时可以收集已经吸收了这些污染物的颗粒物质。

（3）后续燃烧和急冷

后续燃烧应在 950℃以上的温度条件下进行以保证有机物的完全燃烧。之后要进行热气体的急冷，将气体的温度降低至 250℃以下。在熔炉的上半部分添加氧气可以提高完全燃烧的比例。据观察，二噁英在 250～500℃的条件下生成，在850℃以上有氧存在时被破坏。然而，当气体经过处理系统中的再形成窗口和熔炉中的冷却部位时，由于气体被冷却，还是可能会进行从头合成的。因此，需要实现冷却系统的正确运行以最小化再形成时间。

（4）活性炭吸附

由于活性炭具有很大的比表面积，二噁英可以吸附在上面，所以应考虑采用活性炭的处理方法。废气的活性炭处理技术包括使用固定或移动的接触床反应，或者在气流中添加活性炭，之后再经过高效的除尘系统，例如纤维除尘系统。使用石灰和炭的混合物也是可行的。

2.4.2 《BAT/BEP 技术导则》的适用性

在工艺上，《BAT/BEP 技术导则》主要针对再生铝的反射炉熔炼、坩埚炉熔炼和感应炉熔炼，就熔炼技术工艺而言，与我国再生铝熔炼技术工艺大致相同，BAT/BEP 提出的技术导则适用于我国再生铝生产行业。

在烟气污染控制技术措施，就我国目前的技术水平，安装完善的急冷设施、烟气收集设施、活性炭吸附设施等烟气污染物控制设施具有一定可行性，BAT/BEP技术导则所提的技术要求应根据我国再生铝生产企业的特点，进一步细化完善，提出符合我国再生铝行业发展特点的、经济可行的技术措施。

2.5 《BAT/BEP 技术导则》关于再生铅生产行业的相关要求及适用性

再生铅的熔炼包括铅和铅合金的生产，主要来自铅酸蓄电池，还有其他用过的原料（管道、焊料、浮渣、铅盖）。生产过程包括废料的预处理、熔化和提炼。不完全燃烧，进料中含废油、塑料和其他有机材料，和温度介于 250～500℃都可能促进二噁英的生成。

2.5.1 《BAT/BEP 技术导则》的相关要求

2.5.1.1 一级处理方法

一级处理方法是指针对源头处理和过程管理的污染防止技术，即规避二噁英产生的因素条件，减少或消除持久性有机污染物的生成。可行的措施包括：

（1）原料的预分类

废料应当进行分类和预处理，以便去除有机物和塑料，从而减少通过不完全燃烧和从头合成产生的二噁英。应避免进料采用整块或不完全分离的电池。原料储存、处理和预处理技术将由原料大小、分布、污染物和金属含量来决定。铣削和磨削与风力或密度分离技术结合，可以用来去除塑料。热去膜和热去油工艺可以实现除油。而在热去膜和去油工艺后，应通过后续燃烧破坏废气中的有机物质。

（2）有效的过程控制

过程控制系统可用于维持过程稳定，并在最小化二噁英产量的参数条件下操作，例如：维持炉温大于 850℃ 以破坏二噁英。当没有条件对二噁英连续监测时，其他变量应当被连续监测和维持，如温度、停留时间、气体组成和废气收集装置，以便建立最适宜的操作条件用于二噁英的减量。

2.5.1.2　二级处理方法

二级处理方法是指针对末端的污染控制技术。这些方法并不会消除污染物的产生，但是可以抑制或者减少二噁英的排放。

（1）烟气的收集

烟气和废气的收集应在熔炼的所有阶段都进行，以控制二噁英的排放。有效的烟气收集系统能够从源头收集烟气，并且消耗较少的能量。

（2）高效除尘

熔化过程形成的粉尘和金属混合物应被除去。这些颗粒物具有高比表面积，使得二噁英易被吸附。这些粉尘的去除有助于减少二噁英的排放。所考虑的技术有布袋除尘器、湿/干式洗涤器、陶瓷过滤器。被收集的颗粒应当在熔炼炉中重新循环。使用布袋除尘器是有效适用的技术措施。该方法的革新包括袋裂检测系统、在线净化技术和破坏二噁英的催化涂层。

（3）后燃室和急冷

已观测到二噁英可在 250～500℃ 形成，在温度高于 850℃ 且有氧存在下可被破坏。在燃炉的降温冷却区域存在再形成温度窗口，使得气体在冷却过程中可能出现从头合成的情况。冷却系统应该进行适当操作以尽量减少再形成时间。

（4）活性炭的吸附

活性炭吸附的方法可应用于熔炉废气中二噁英的去除。活性炭有很大的比表面积，二噁英可在上面吸附。废气可以由使用固定床或移动床反应器的活性炭处理，或者将活性炭颗粒注入气流中，通过后续的高效粉尘去除系统（如布袋除尘器）进行去除。

2.5.2 《BAT/BEP 技术导则》的适用性

从原料上看，废旧蓄电池是再生铅的主要原料，所以 BAT/BEP 针对废电池所强调的预处理是符合我国再生铅行业技术特点的。但就整体上看，中国再生铅企业很多仍是小型企业，生产能力只有几十吨到几千吨不等，目前国内再生铅企业对二噁英的治理缺乏成熟技术。就末端治理技术而言，国内一些企业采用的布袋除尘器，目前就行业而言可以达到协同控制二噁英排放的目的。由于我国再生铅行业对二噁英的治理和检测基本处于刚刚起步的阶段，所以，BAT/BEP 相对我国再生铅行业的技术要求需要根据我国行业技术特点进行完善。

2.6 《BAT/BEP 技术导则》关于再生锌生产行业的相关要求及适用性

锌的再生生产是指利用铜合金和电弧钢生产过程中的尾尘，以及碎钢板和电镀过程中残余的锌进行熔炼再生产的过程。生产过程包括进料筛分、预处理、粉碎、熔炉加热至 364℃、熔炼炉、精炼、蒸馏和合金等工序。如果炼制的原料（包括油和塑料）中含有有机物、含氯化合物，不完全燃烧，并且温度可以满足 250～500℃，则可能会产生二噁英。最佳可行技术包括：原料清洁、维持运行温度在 850℃以上、尾气和烟气收集、熔炼后的快速降温、使用活性炭吸附和布袋除尘系统。

2.6.1 《BAT/BEP 技术导则》的相关要求

2.6.1.1 一级处理方法

一级处理方法是指针对源头处理和过程管理的污染防止技术，即规避二噁英产生的因素条件，减少或消除持久性有机污染物的生成。可行的措施包括：

（1）进料的预分类

熔炉进料中的杂质应当被分离以减少不完全燃烧和从头合成途径中二噁英的形成。这些杂质包括锌废料中的油、油漆和塑料等。然而，在很多情况下，大多数有机物是通过添加燃料的方式加入的。进料储存、处理和预处理的方法也因材料大小的分布、污染物和金属含量的不同而不同。结合风动法和密度分离技术、磨碎技术可以用来去除塑料。采用热处理去膜和脱油工艺进行脱油，之后应当燃烧去除尾气中的有机物。

（2）有效过程控制

使用过程控制系统，可以维持生产过程的稳定，并且通过参数调节来使二噁英的产生最小化；通过对温度、停留时间、气体组成和烟尘收集器的控制开展持续监测，可以维持适宜的操作条件，减少二噁英的产生。

2.6.1.2 二级处理方法

二级处理方法是指针对末端的污染控制技术。这些方法并不会消除污染物的产生，但是可以抑制或者减少二噁英的排放。

（1）烟气收集

在熔炼生产的各个阶段都应保证烟气的有效收集以阻止二噁英的排放，为此应开发密封的熔炉系统并用来维持稳定的熔炉条件（真空度）来避免泄漏和无规则逸散。可以使用带遮盖的进料系统或者旋转真空进料管，进料通过鼓风口加入。烟尘收集系统应当能够有效收集烟尘，并且消耗较少的能量。

（2）高效除尘

由于灰尘和金属化合物具有很大的比表面积，二噁英可以吸附在这些颗粒物上，因此，有必要对由熔炼过程产生的灰尘和金属化合物进行去除。这些灰尘的去除将有助于减少二噁英的排放。可以使用的方法包括过滤除尘、使干/湿洗涤器和陶粒过滤器。收集的颗粒物质常在熔炉中回收利用。使用布袋除尘系统是高效实用的技术措施。创新性的研究包括滤袋破裂探查系统、在线清洁方法和使用催化涂层来破坏二噁英。

（3）后续燃烧和急冷

后续燃烧应在 950℃以上的温度条件，保证有机物的完全燃烧。之后要进行热气体的快速急冷，在 250℃以下的温度条件下进行。

（4）活性炭吸附

由于活性炭具有很大的比表面积，二噁英可以吸附在上面，所以应考虑采用活性炭的方法来处理废气。废气的活性炭处理技术包括使用固定或移动的接触床反应，或者在气流中添加活性炭，之后经过高效的除尘系统，例如布袋除尘系统。

2.6.2　《BAT/BEP 技术导则》的适用性

我国再生锌企业工艺技术、装备水平普遍不高。不同的锌废料回收利用方法有很大的不同。废锌基合金基本上采用坩埚熔炼、调制、铸锭回收锌；热镀锌渣和锅底渣采用重新蒸馏回收锌。BAT/BEP 技术导则中，锌的再生生产是指利用铜合金和电弧炉生产过程中的尾尘，而我国目前对锌的回收主要集中于大型冶金企业，其对锌的一级控制和二级控制很难进行独立设计和独立操作；而对于低成本运行的小型企业，则很难按照 BAT/BEP 技术导则规范其生产运作过程。

第3章 废弃物焚烧行业二噁英污染控制技术

3.1 焚烧行业在我国的发展概况

3.1.1 生活垃圾焚烧行业现状

近几年来，我国垃圾焚烧处理发展很快。根据《中国统计年鉴 2012》，2011年，我国垃圾焚烧厂数量为 109 座，焚烧处理量为 9.4 万 t/d，比 2010 年的 8.5万 t/d 增长了 10.6%。其中，华东地区垃圾处理焚烧厂 62 座（占 56.9%），华北地区垃圾处理焚烧厂 12 座（占 11%），西南地区垃圾处理焚烧厂 8 座（占 7.3%），东北地区垃圾处理焚烧厂 4 座（占 3.7%），华中地区垃圾处理焚烧厂 23 座（占21.1%）。

据调查，我国目前的焚烧厂主要以炉排炉和流化床炉为主（图 3-1）。采用机械炉排技术的垃圾焚烧厂多分布在东部沿海地区，尤其是省会级和副省级城市。所采用的技术包括：日本三菱—马丁逆推炉排、日立—Von Roll 顺推炉排、Takuma 炉排，德国 Noer—Keerchi 炉排、SITY 2000 炉排，法国阿尔斯通炉排，比利时西格斯炉排，美国 Detroit 炉排、Basic 炉排，以及新世纪—伟民顺推逆推炉排、三峰—SITY 2000、深能源—西格斯炉排和绿色动力三驱动逆推炉排焚烧技术。

在烟气颗粒物控制上，除尘设备的种类主要有：重力沉降室、旋风（离心）除尘器、喷淋塔、文式洗涤器、静电除尘器及布袋除尘器等。重力沉降室、旋风除尘器和喷淋塔等无法有效去除直径为 5～10 μm 的粉尘，只能视为除尘的前处理设备。静电集尘器、文式洗涤器及布袋除尘器为垃圾焚烧尾气净化系统中最主要的除尘设备。

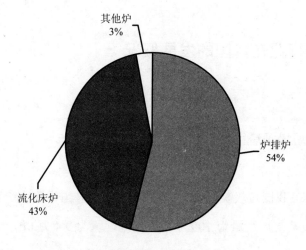

图 3-1   不同技术类型焚烧厂数量分布图

3.1.2   危险废物（包括医疗废物）焚烧行业现状

由 2001—2010 年环境统计公报数据可知，我国危险废物产生量在小幅波动的同时呈整体上升趋势，仅 2001—2010 年的 10 年间，我国危险废物产量就增加了近 66.7%，2010 年全国危险废物产生量达到 1 586.8 万 t。根据《中国统计年鉴

2012》，2011 年，我国危险废物产生量为 3 431.22 万 t，比 2010 年增长了 116.3%，当年危险废物处置量为 916.48 万 t。国内危险废物焚烧主要采用回转窑焚烧炉和热解焚烧炉两种形式，在末端处理上，急冷设备和文式洗涤器多用于危险废物焚烧处理设施。

医疗废物的处置技术包括卫生填埋法、蒸气灭菌法、化学消毒法、电磁波灭菌法、等离子体法、高温焚烧法和热解法等。高温热解/焚烧技术被认为是医疗废物处置最有效和最适用的技术选择，并不断得到应用和推广。

3.2　生活垃圾焚烧二噁英控制技术

3.2.1　生活垃圾来源

城市生活垃圾包括由家庭、居家活动所产生的各类固体废物，也包括具有生活垃圾特性的在工业、商业以及农业生产过程中产生的废物。生活垃圾通常的组成包括：废纸和纸板、塑料、厨余垃圾、碎布料和皮革、木材、玻璃、金属、尘土碎石等。有些时候，生活垃圾中也不可避免地会包括少量危险性物质，例如电池、油漆、药品以及其他日用化学品等。

3.2.2　生活垃圾焚烧系统

在我国，目前用于城市生活垃圾焚烧处理的炉型主要包括炉排式垃圾焚烧炉、流化床式垃圾焚烧炉、热解式垃圾焚烧炉等。生活垃圾焚烧系统包括垃圾处理与储存系统、进料系统、燃烧系统、废气污控系统、排渣系统、控制系统，一般还包括热量回收系统，见图 3-2。

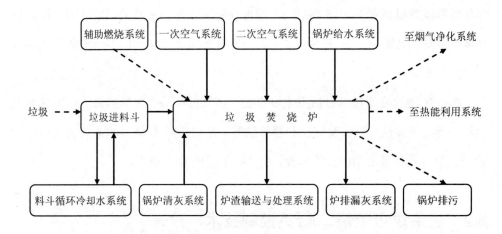

图 3-2　垃圾焚烧系统

　　燃烧过程的影响因素包括四点：焚烧温度（temperature）、停留时间（time）、湍流程度（turbulence）和空气过剩系数（excess air coefficient）。适当地控制这四个因素，可以在大气污染物排放量最低条件下实现有效燃烧，即所谓的"3T+E"原则。这就对焚烧炉的工艺和设计参数提出了要求：需要保持焚烧温度在 850℃以上，在高温区送入二次空气，增强湍流程度，实现气体的充分混合，延长气体在高温区的停留时间（time＞2 s）。炉型本身同燃烧状态之间确实存在相关关系，虽然不同的焚烧炉在工作原理、技术特点和适用范围上各有不同，但在设计时，"3T+E"都为主要考虑的设计因素。此外，不同焚烧系统的燃烧状态还受到焚烧物料组成的变化、进料方式、运行方式等其他诸多因素的影响。

3.2.2.1　炉排型焚烧炉

　　炉排型焚烧炉是生活垃圾焚烧的主要炉型（图 3-3）。生活垃圾在炉排长度上展开整个燃烧过程，生活垃圾的焚烧过程分为：①在干燥点火段，预热，水分蒸发及升温着火吸热过程；②在燃烧段，以挥发成分燃烧为主的放热过程；③在燃尽段，以固定碳完全燃烧为主的放热过程。这几个燃烧阶段互相渗透，无明显界限，见图 3-4。

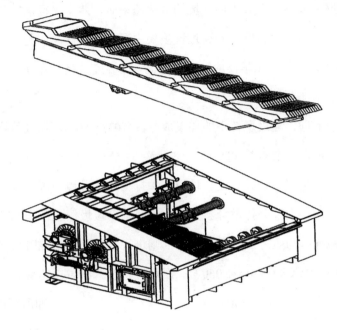

图 3-3　炉排焚烧炉示意图

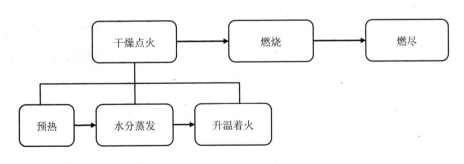

图 3-4　垃圾焚烧阶段

在干燥点火过程中，垃圾首先被推到焚烧炉内，吸收炉内高温烟气的辐射热，并在炉排下送入的一次空气作用下，在 100～180℃范围内预热，实现垃圾水分快速蒸发。此后，垃圾继续吸热升温，可燃质与氧发生剧烈反应。当放热反应大于吸热反应，可燃质放热速率大于向环境的散热速率时，两个平衡的临界点称为着火点，对应的温度为着火温度。着火过程主要由温度不断提高引起，也称为"热着火过程"。在此反应中，化学反应使温度升高，而温度升高又促使化学反应速度更快，反应放热增加，如此反复。

与煤炭燃烧不同，垃圾燃耗中的挥发成分占 70%～80%，垃圾焚烧是以挥发分的燃烧为主。挥发分中的氢（H_2）、一氧化碳（CO）、烃（C_mH_n）等在 400℃左右的环境中与一次空气混合并氧化。垃圾在炉排上燃烧过程中因受到自然对流与供风流的携带作用，大部分挥发分会升腾。当升腾到垃圾层上部空间的挥发分的燃烧速率、扩散速率与氧达到平衡界面时，则进行混合燃烧。此时火焰拉长，空间燃烧剧烈，燃烧温度为 850～1 050℃。燃烧过程在二次风口的截面处结束，此时炉排的表面温度达到 350～550℃。

3.2.2.2　流化床焚烧炉

流化床焚烧炉有如下特点：①由于流化层内粒子处于激烈运动状态，粒子与气体之间的传质与传热速度很快，单位面积的处理能力很大。②由于流化床层内处于完全混合状态，所以加到流化床的固体废物，除特别粗大的块体之外，都可以瞬间分散均匀。③由于载体本身可以蓄存大量热量，并且处于流动状态，所以床层反应温度均匀，很少发生局部过热现象，床内温度容易控制。即使一次投入较多量的可燃性废弃物，也不会产生急冷或急热现象。④在处理含有大量易挥发性物质污泥（如含油污泥）时，也不会像多段炉那样有引起爆炸的危险。⑤流化床的结构简单，设有机械传动部件，故障少，建造费用低。⑥空气过剩系数可以较少。⑦燃料适应性广，易于实现对有害气体 SO_2 和 NO_x 等的控制，还可获得较高的燃烧效率。

流化床焚烧炉的炉膛内，有悬浮的焚烧区。污泥从塔侧的投料口投入到流化床上，在那里进行急速燃烧。位于流化床区域上的炉区是二次燃烧区。在燃烧过程中空气过剩系数为 1.4，在高温区（>850℃）送入二次空气燃烧，减少 CO、不完全燃烧产物和前躯体的生成量，从而抑制二噁英的生成量。所产生的烟气在 850~900℃ 的温度范围从炉膛上部排出，进入余热利用装置，烟气经冷却到 210℃，防止未燃烧的有机物或多环芳烃等合成二噁英。该流化床的特性是它在运转过程中所产生的炉渣非常少，主要是以飞灰散布在烟气中并主要通过静电除尘器来捕集。对于烟气中所含有的有害污染物则是通过喷雾式湿法洗涤而被去除。一般设有 2 个洗气装置，分别采用水和 NaOH 溶液进行湿法洗涤，结构示意见图 3-5。

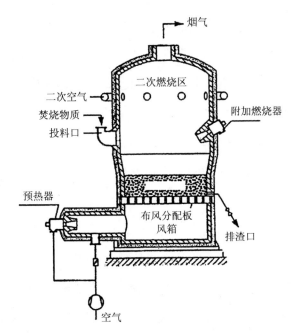

图 3-5 流化床焚烧炉示意图

3.2.3　影响生活垃圾焚烧过程中二噁英生成的因素

目前被普遍认同的废弃物焚烧过程中二噁英的生成来源主要有以下三种方式：①PCDD/Fs 以杂质的形式随着废弃物一并进入焚烧系统，在焚烧过程中未被完全破坏或分解，最终通过废气和固体残渣（飞灰及炉渣）向环境中释放；②PCDD/Fs 在燃烧区中生成；③PCDD/Fs 在燃后区再次生成。这里，所谓燃烧区，指对废弃物进行焚烧处理的燃烧区域（焚烧炉炉膛），以及对焚烧产生的烟气进行二次燃烧甚至三次燃烧的区域；所谓燃后区，是指燃烧后产生的烟气进入的区域，即在这一区域内烟气不再发生燃烧反应，而是经历降温过程。

3.2.3.1　废弃物中固有的二噁英

城市生活垃圾本身存在二噁英。1983 年，研究人员首次测定了加拿大某垃圾焚烧处理设施中二噁英的含量，其中七氯二苯并对二噁英（HpCDD）和八氯二苯并对二噁英（OCDD）的含量分别为 100 ng/kg～1 μg/kg 和 400～600 ng/kg。对各类垃圾中二噁英含量的测定结果分别为：纸及硬纸板=3.1～45.5 μg/kg，塑料、木料、皮革及织物等混合物=9.5～109.2 μg/kg，蔬菜类=0.9～16.9 μg/kg，粒径小于 8 mm 的细碎屑=0.8～83.8 μg/kg。有研究报告认为，城市生活垃圾焚烧排放的二噁英可能有一部分是城市生活垃圾本身固有的二噁英在焚烧系统中未被破坏而释放到环境中的。

1992 年，研究人员对德国 11 座焚烧处理设施进行了二噁英质量平衡试验，通过对燃烧区、燃后区所有二噁英排放途径进行监测分析，计算出燃烧区、燃后区及整个焚烧过程中二噁英的输入与输出。结论为城市生活垃圾中固有的二噁英大部分在焚烧过程中被破坏。因此，城市生活垃圾中固有的二噁英在焚烧过程中未被破坏而排放到环境中的几率较小。

3.2.3.2　燃烧区二噁英生成的影响因素

废弃物进入焚烧炉进行焚烧处理是一种可控的燃烧过程。所谓可控燃烧过程，是指具备以下特征的燃烧现象：①控制燃烧空气量，保证适当的温度以使燃料充分燃烧；②燃烧反应在密封设备中进行，提供充分混合及足够时间使燃烧反应完全；③气态燃烧产物的排放可控。保证良好的燃烧状况，使城市生活垃圾在燃烧区实现充分燃烧，是控制 PCDD/Fs 在焚烧区生成的重要条件，而焚烧炉炉型、日处理量、焚烧物料组成、运行方式等因素都将对焚烧区的燃烧状况产生影响，进而影响燃烧区二噁英的生成。

（1）焚烧炉炉型

在我国，目前用于城市生活垃圾焚烧处理的炉型主要包括炉排式垃圾焚烧炉、流化床式垃圾焚烧炉、热解式垃圾焚烧炉等。

由于焚烧炉烟气出口温度高（850℃），因此无法通过直接检测焚烧炉出口烟气中二噁英浓度的方式，评价炉型对二噁英生成的影响。但焚烧炉出口烟气并不会直接排向大气，根据《环境保护产品认定技术要求　生活垃圾焚烧炉》（HBC 33—2004）的规定，生活垃圾焚烧炉必须配置烟气净化系统，焚烧炉出口烟气需经冷却及净化处理后方能排放，PCDD/Fs 在这一系列过程中也将再次生成。对于废弃物的焚烧处理，主要是在焚烧炉炉膛内完成，燃烧状态是影响 PCDD/Fs 生成的最主要因素。焚烧炉在设计上应遵从"3T+E"原则，这有助于实现良好的燃烧状态，抑制 PCDD/Fs 在焚烧炉炉膛内的生成，降低后续烟气净化系统的处理压力，达到减排的目的。此外，燃烧状态还受到焚烧物料组成的变化、进料方式、运行方式等其他诸多因素的影响。上述各种类型的焚烧炉，其工作原理、技术特点和适用范围各有不同，炉型本身同燃烧状态之间确实存在相关关系，但不是唯一的决定性因素。

（2）焚烧处理量

《生活垃圾焚烧污染控制标准》对焚烧炉的技术要求做出规定，其中对于焚烧炉烟囱最低允许高度根据日处理量的不同分别作了规定。以此为依据，按照处理量对生活垃圾焚烧设施分类：将处理量小于 100 t/d 的焚烧炉定义为小型炉，处理量为 100～300 t/d 的焚烧炉为中型炉，处理量＞300 t/d 的焚烧炉为大型炉。国内研究人员对全国范围内近 30 座城市生活垃圾焚烧处理设施（不包括水泥窑共处置城市生活垃圾）进行了废气二噁英排放浓度水平监测。可以看出，大型焚烧设施的二噁英排放浓度普遍处于较低水平，低于中、小型焚烧炉（图 3-6）。主要原因是大型焚烧设施一般技术水平比较成熟、先进，运行工况更加稳定，管理也更加规范，各种可变因素引起的影响相对较小，从而保证了最终废气二噁英排放浓度相对较低。

（3）焚烧物料组成

废弃物的组成颇为复杂，物料组成对焚烧排放废气中二噁英生成的影响主要是通过实验模拟展开的。国外的研究学者通过大量模拟试验研究了焚烧物料组成和氯含量及形态的变化对于 PCDD/Fs 产生的影响。大量研究显示：在没有氯源及催化剂的情况下，没有 PCDD/Fs 生成；当加入氯源及催化剂时，烟气中生成 PCDD/Fs，且氯源的种类对 PCDD/Fs 的生成和分布没有显著差别，生成量都随着氯含量的增加而增大。还有研究发现：PCDD/Fs 的生成与 HCl 的含量只存在较弱的相关关系，属于非有效气相氯源，而烟气的停留时间参数对 PCDD/Fs 的生成影响更大。

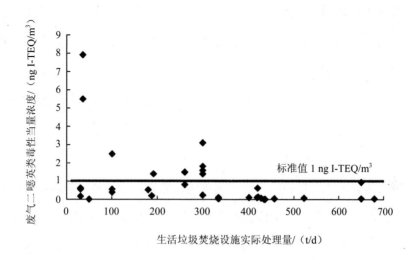

图 3-6　生活垃圾焚烧设施处理量同废气二噁英类排放浓度关系图

我国的城市生活垃圾含水率较高,焚烧产生的烟气中必然含有一定量的水分,而水分对于 PCDD/Fs 生成的影响,目前的研究仍没有给出统一的认识。有研究人员利用木炭/$MgSiO_2$/$CuCl_2$ 作为基体,在 300℃空气的条件下,通入水降低了 PCDD/Fs 的生成量;Ross 等利用五氯酚/飞灰作为基体,通入 15%的水,与不通入水分相比,二噁英的浓度提高了近 4 倍。可见,对于水分对二噁英生成的影响仍需要进一步研究。

过渡金属在热过程中二噁英的生成方面起催化作用。在众多的过渡金属中,二价铜被公认为最有效的金属催化剂。研究人员发现铜的催化活性高于镍约 10 倍,而镍的催化活性又高于铁约 10 倍。

上述对于焚烧物料组成的研究,主要是在实验模拟燃烧条件下进行的,尚不能得到较为一致的研究结论;此外,将实验结论直接放大到实际的焚烧处理过程也是不科学的。而实际的废弃物组成更为复杂,在焚烧炉内的燃烧条件也比实验条件更难掌控,想要得出组成同二噁英(PCDD/Fs)生成量之间的直接相关关系亦十分困难。在实际的燃烧过程中，焚烧物料的组成及其变化更多的是通过影响焚烧炉的燃烧状况对 PCDD/Fs 的生成产生影响的。如果焚烧炉在设计的过程中充分考虑焚烧物料的组成特点，并在实际运行过程中能够达到良好的运行状态，使得投入的物料能够充分燃烧，那么物料组成对于 PCDD/Fs 生成的影响亦有限。

（4）焚烧设施的运行方式

焚烧设施有连续运行和间歇运行两种运行方式。由于焚烧设施在开始运行即起炉阶段和结束运行即停炉阶段都存在一段温度由高温（850℃以上）到常温的缓慢变化阶段，这就为 PCDD/Fs 的生成提供了适当的温度区间和足够的停留时间，因此一般焚烧设施在起炉和停炉阶段 PCDD/Fs 的排放浓度都比正常运行时要高。生活垃圾焚烧设施由于任务量饱满，基本上都采用长时间连续运行的方式，起炉和停炉阶段二噁英排放浓度的增高是短时间内的现象，对于生活垃圾焚烧设施长时间连续运行过程中 PCDD/Fs 排放的影响有限。

（5）出口烟气的二次燃烧

对焚烧炉出口烟气进行二次燃烧的主要目的，是将焚烧炉出口烟气中由不完全燃烧产生的 PIC 再次充分燃烧，并使得已经生成的 PCDD/Fs 在高温下分解，从而降低进入燃后区的烟气中二噁英及其前驱体类物质的浓度，以有效抑制 PCDD/Fs 在燃后区域的再次生成。因此，焚烧炉出口烟气的二次燃烧，对于 PCDD/Fs 的生成及排放浓度的影响相对重要。

3.2.3.3 燃后区二噁英再次生成的影响因素

（1）燃后区

无论是生活垃圾、危险废物还是医疗废物，在燃烧区实现完全燃烧后，都将转化为烟气和炉渣。炉渣通过除渣系统排出，而产生的烟气将进入燃后区进行冷却和净化处理。

研究人员研究发现，焚烧系统出口烟气，即进入燃后区域的烟气中的二噁英毒性当量浓度为 1.4 ng I-TEQ/m³，而经过烟气净化系统处理后最终排入大气的废气中二噁英毒性当量浓度增加至 5 ng I-TEQ/m³；因此可以认为，PCDD/Fs 在燃后区的再次生成是焚烧系统二噁英生成的重要途径。

在燃后区，二噁英主要通过非均相反应，即低温异相催化反应生成。低温异相催化生成二噁英的过程主要可以描述为两种机理：①前驱体在飞灰表面发生催化氯化反应生成二噁英，即前驱体生成；②飞灰中的残碳经汽化、解构或重组等方式，与氢、氧、氯等其他原子结合并逐步生成二噁英前驱物及二噁英，即从头合成反应。对以上两种生成机理进行分析发现，飞灰在燃后区二噁英的生成方面发挥了重要作用。

燃后区主要包括烟气冷却降温和净化处理两个主要过程。

①烟气冷却过程

根据《生活垃圾焚烧污染控制标准》中对于焚烧炉技术性能指标的规定，焚烧炉炉膛出口温度必须高于 850℃。某些废弃物焚烧设施为实现完全燃烧、抑制二噁英的生成，还设有烟气的二级甚至三级焚烧，烟气温度能够到达 1 100℃甚至更高。在这种情况下，焚烧产生的高温烟气一般都需要经过适当的降温处理才能进入烟气净化系统。采用余热回收的焚烧炉将根据余热回收方式配置余热利用设备以对热能加以回收利用，同时达到降低焚烧炉出口烟气温度的目的。离开燃烧区的烟气中除了含有已经生成的二噁英之外，还含有氯苯、氯酚或多氯联苯等芳香族化合物及烯烃、炔烃等脂肪族有机物，提供了生成 PCDD/Fs 的前驱体；烟气中存在的飞灰为 PCDD/Fs 的从头合成提供了特定碳结构；烟气中还存在一些对 PCDD/Fs 的生成起催化作用的过渡金属（如 Cu、Fe 等）；而焚烧炉出口烟气的降温过程势必会为 PCDD/Fs 的生成提供适当的温度区间，一般认为 300℃左右二噁英的生成率达到最高；因此，焚烧炉出口烟气的降温过程具备了 PCDD/Fs 生成的一系列条件。通过对燃后区烟气冷却过程中二噁英生成条件进行分析不难发现，烟气温度的变化以及烟气在适宜二噁英生成的温度区间内的停留时间，对 PCDD/Fs 在燃后区的生成影响重大。一些学者的研究结果表明：烟气平均降温速率是影响烟气冷却过程中二噁英再次生成的关键因素。

此外，经降温处理后，烟气的温度同 PCDD/Fs 在烟气净化系统的再次生成密切相关。在使用除尘设施对烟气进行净化的同时，有部分烟尘不可避免地滞留在除尘设施内部，且会停留一段时间，这就为 PCDD/Fs 在燃后区的再次生成提供了载体，而适宜的烟气温度则为 PCDD/Fs 的生成提供了条件。Everaert 等在研究报告中指出，在采用静电除尘器（electrostatic precipitator，ESP）对烟气进行净化处理的过程中，烟气温度是影响 PCDD/Fs 排放浓度的主要因素，如将 ESP 内烟气温度保持在 180～200℃，则 PCDD/Fs 的从头合成将受到有效抑制。

通过上述分析发现，烟气的冷却降温过程本身为 PCDD/Fs 的再次生成提供了可能，降温后若烟气温度处于适宜 PCDD/Fs 生成的区间，则在后续的净化处理过程中仍将有利于二噁英的再次生成。同时，基于 PCDD/Fs 在燃后区的再次生成是焚烧系统二噁英生成的重要途径，因此，烟气的冷却过程及冷却效果是抑制 PCDD/Fs 在燃后区再次生成的重要因素之一。

②烟气净化系统

前面已经提到，温度过高的烟气需要经过降温处理后才能进入烟气净化系统进行净化处理，以除去烟气中的烟尘等气溶胶状态污染物及 SO_2、NO_x 等气体状态污染物。对于烟气中烟尘的去除，是通过将烟气引入一种或几种力作用的除尘器，使烟尘相对气流产生一定的位移，并从气流中分离出来，最终沉降到捕集面上的过程。为研究不同烟气净化处理措施对最终排放进入环境大气的废气中二噁英的减排效果，采用不同的净化工艺组合，对最终排放废气中的二噁英进行监测分析。结果表明：采用袋式除尘器、活性炭吸附等烟气净化措施组合后烟气 PCDD/Fs 含量较低。由此可见，烟气净化处理措施的配置合理性及运行优化性是影响二噁英生成及排放浓度的重要因素。

（2）人为因素的影响

废弃物焚烧处理过程中的二噁英生成和排放与焚烧物料组成、进料方式、燃烧状态、烟气冷却及净化处理措施等诸多因素相关，以上分析的这些因素可以说都是硬件方面的，但是，软件方面的影响亦不容忽略。就目前掌握的数据来看，我国废弃物焚烧设施的规范化运行程度和管理方式及水平是影响焚烧设施二噁英生长和排放的一个重要因素，规范化的运行方式和良好的管理水平可以大大提高焚烧设施运行工况的稳定性和连续性，有效控制二噁英的生成及排放。当焚烧设施具备优化的硬件设施并实施科学规范的运行管理时，有可能达到最优的减排效果。

3.2.4　生活垃圾焚烧二噁英控制技术措施

3.2.4.1　减少炉内形成的技术措施

➤ 减少进料中含氯成分。在源头控制上，避免含二噁英物质以及有机氯（PVC）含量高的废物（如农用地膜）进入焚烧炉。

➤ 保证完全燃烧：优化工艺参数上，采用的是"3T+E"工艺，即焚烧温度 850℃、停留时间 2.0 s、保持充分的气固湍动程度以及过量的空气量，使烟气中 O_2 的体积分数处于 6%～11%。

➤ 对于可能生成二噁英的前驱物质，如氯苯、氯酚及其他氯化物，通过完全燃烧破坏分解。

3.2.4.2 避免炉外低温再合成

（1）注入抑制剂

➢ 在烟道气添加胺类、石灰类及含硫物质等抑制剂。

➢ 抑制剂作用于能促使二噁英生成的催化剂[如：铜（Cu）、氯化铜（$CuCl_2$）、氯化亚铜（CuCl）等]，也可与 Cl_2 反应而减少生成二噁英所需的氯源。

（2）设置急冷装置

➢ 设置热量回收锅炉如余热锅炉，回收大部分能量后的烟气温度应降至 500～600℃，在此单元之后若无急冷设备，烟气温度将由 500～600℃缓慢降至 250℃，此温度范围正是二噁英生成的高峰区。

➢ 高温热烟气进入余热锅炉，回收大部分能量后的烟气温度应降至 500～600℃，余热锅炉出来的高温烟气应采用急冷装置，使烟气温度在 1 s 内降至 200℃以下，减少烟气在 200～500℃温度区间的停留时间。

（3）除尘器温度控制

➢ 除尘设备收集的大量飞灰，提供了二噁英从头合成反应所需的碳源、金属催化剂，因此应控制温度在 200℃以下，以避免二噁英的大量生成。

3.2.4.3 去除已生成的二噁英

（1）活性炭注入法

➢ 活性炭注入系统后端的布袋除尘器最好操作在 160℃以下。

（2）选择催化还原法（SCR）

➢ SCR 系统多以 V_2O_5-WO_3 为催化剂。

➢ 温度条件：由于 150℃以下二噁英会吸附在催化剂表面而使其中毒失

活，因此需要把烟道气加热至 200～300℃以有利于催化剂对二噁英的裂解作用。

（3）提高尾气净化效率

➢ 我国大型生活垃圾焚烧烟气净化系统基本上采用"半干法脱酸+活性炭喷射+布袋除尘器除尘"的烟气组合处理工艺，国内应用的半干法脱酸工艺主要包括喷雾干燥法、循环悬浮法、多组分有毒废气治理技术（MHGT）。这种工艺组合不仅可以达到较高的净化效率，而且还有投资和运行费用低、流程简单等优点，在发达国家亦常用。除此之外，发达国家和地区的经验显示下列工艺组合也对二噁英减排起到明显作用：

①"SNCR 脱硝+半干法除酸+活性炭喷射十布袋除尘"工艺。

②"半干法除酸+活性炭粉末喷射+布袋除尘+SCR 脱硝"工艺。

③"半干法除酸+活性炭粉末喷射+布袋除尘+湿法除酸+SCR 脱硝"工艺。

④"半干法除酸+活性炭粉末喷射吸附二噁英+布袋除尘+湿法除酸+活性炭床"工艺。

3.2.4.4　安全处置飞灰

飞灰中除了含有大量重金属，还含有二噁英等非有意排放持久性有机污染物，在我国应按照危险废物进行管理，目前多采用在固化/稳定化后，进入危险废物填埋场进行处置。

3.3　危险废物焚烧二噁英控制技术

3.3.1　危险废物定义

危险废物是指列入《国家危险废物名录》或者根据国家规定的危险废物鉴别标准和鉴别方法认定的具有危险特性的废物，其具有毒害性、爆炸性、易燃性、腐蚀性、化学反应性等一种或几种以上的危害特性，对人体和环境构成很大威胁。

3.3.2　危险废物焚烧系统

对于危险废物，通常多采用热解式焚烧炉和回转窑式焚烧炉进行焚烧处理。回转窑式焚烧炉是我国主流的危险废物焚烧炉型（图 3-7）。

图 3-8 是典型的回转窑式焚烧系统示意图。系统采用分系统进料、回转窑加二燃室焚烧、余热利用、烟气急冷、干式脱酸、活性炭吸附、滤袋除尘、湿式洗涤、烟气再加热的处理工艺。系统采用分系统进料方式，按液态废物、固态废物、医疗及桶装废物分别进料设计。液态危险废物经废液喷枪直接喷入回转窑及二燃室内，其他固态废物则通过两级密封门，由推料机送入回转窑。废物在回转窑内点燃并在负压状态下燃烧，并沿着回转窑的倾斜方向缓慢移动，经 30 min 的充分燃烧，残渣掉进水封刮板由出渣机带出，烟气进入二燃室进一步充分燃烧。经二燃室充分燃烧的高温烟气进入余热锅炉进行热量回收，产生的蒸气供内部生产及外部换热站使用。烟气经过急冷、脱酸、除尘、再加热后排放。

3.3.3　回转窑运转形式

按气体、固体在回转窑内流动方向的不同，回转窑可分为顺流式回转窑（co-current flow kiln）和逆流式回转窑（counter-current flow kiln）两种。

在顺流操作方式下，危险废弃物在窑内预热、燃烧以及燃尽阶段较为明显，进料、进风及辅助燃烧器的布置简便，操作维护方便，有利于废物的进料及前置处理，同时烟气停留时间较长。在逆流操作模式下，回转窑可提供较佳的气、固混合及充分接触，传热效率高，可增加其燃烧速度。但逆流操作方式需要复杂的上料系统和除渣系统，成本高；同时，由于气固相对速度大，因此烟气带走的粉尘量相对较高，并增加了控制回转窑内燃烧状况和烟气停留时间的难度，见图 3-9。

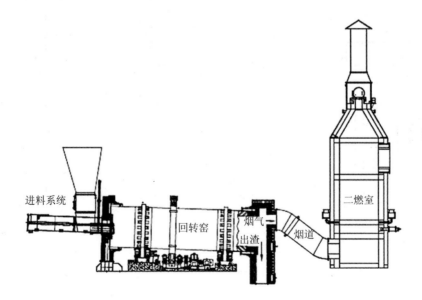

图 3-7　回转窑式危险废物焚烧系统示意图

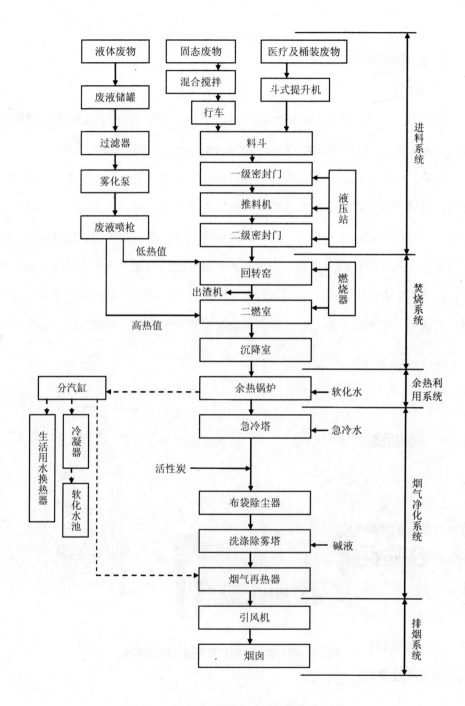

图 3-8 典型的回转窑危险废物焚烧流程图

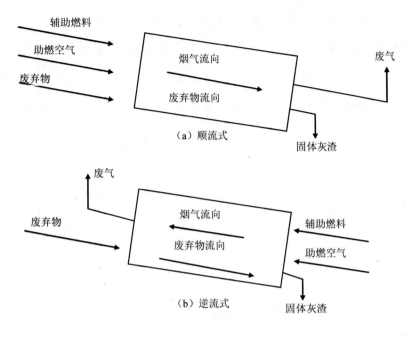

图 3-9　回转窑操作方式示意图

3.3.4　影响危险废物焚烧过程中二噁英生成的因素

固态危险废物通过进料槽送入旋转窑。高热值的液态和泥浆类废物通过位于旋转窑前壁的燃烧喷嘴雾化喷射注入窑体。废物在窑体内被点燃焚烧，通常温度都保持在 1 000℃以上。一般的，危险废物经过 10～20 m 长的旋转窑处理，会转化为烟气和炉灰/熔渣经炉尾排出。玻璃化的炉灰经水浴急冷后被分离沉淀。

由于在大多数现代化的焚烧处理设施中，底灰大部分是熔渣，相对于飞灰中其二噁英浓度较低。以旋转窑为例，烟气自窑体排出后进入二燃室，在这里高热值的烟气继续焚烧，燃烧温度通常保持在 1 200℃以上。同样的，在二燃室也需要补充助燃空气以辅助进一步的燃烧。当烟气离开两段式焚烧系统后，尾气处理方式类似于生活垃圾焚烧系统。危险废物焚烧产生的残渣物属于危险废物，因此它们通常是采用安全填埋处置。一般的，危险废物焚烧炉的运行温度和过剩空气量需求都比生活垃圾焚烧炉要高。由于危险废物中卤代有机物含量较高，因此任何不完全或者不充分的燃烧过程都会更容易导致二噁英的排放。危险废物焚烧过程中二噁英产生的影响因素基本与生活垃圾焚烧过程相同，因此，也应高度重视焚烧过程的控制，即"3T+E"控制原则。

"3T+E"是指焚烧温度、停留时间、湍流程度和空气过剩系数综合控制的原则。"3T+E"原则能确保有害成分的充分分解，从源头上控制酸性气体、有害气体（二噁英物质）的生成，全面控制烟气排放造成的二次污染。

温度是保证在焚烧炉中危险废物得到彻底破坏的最重要的因素。回转窑（一燃室）设计温度为 1 000℃，运行温度为 850~1 000℃。二燃室设计温度为 1 300℃，正常运行温度为 1 100℃，能保证烟气中有害成分在二燃室中充分焚毁。

温度达到设计值后，为了使危险废物充分焚毁，停留时间必须足够长。通常固体物质在回转窑内的停留时间为 30~120 min；烟气在回转窑内的停留时间约 2 s；烟气在二燃室的停留时间大于 2 s。

送入炉膛中的废物必须同氧气充分接触，才能在高温下充分快速高效地氧化，这就要求对废弃物进行适当的搅动，废物和空气混合均匀有利于充分焚烧。在工程实际中，主要利用供风布置和辅助燃烧器的布置来增加扰动。

在危险废物燃烧过程中，空气过剩系数反映了燃烧状况。空气过剩系数大，燃烧速度快，燃烧充分，但由于供风量较大，产生的烟气量大，使后续的烟气处理负荷增大，也不够经济。反之，则燃烧不完全，甚至产生黑烟，有害物质分解不彻底。根据多年的实践经验，通常取回转窑的空气过剩系数为 1.1~1.3，回转窑+二燃室总空气过剩系数为 1.7~2.0。

3.3.5　危险废物焚烧过程中二噁英控制技术措施

危险废物焚烧过程中对二噁英的控制也应遵从全过程管理的原则，首先要选择适合国情的焚烧炉型，并应根据危险废物种类和特征选用合理和成熟炉型，宜采用以回转窑炉为基础的焚烧技术。在有条件的情况下，鼓励改造并采用生产水泥的旋转窑炉混烧或单烧危险废物，但应配套必要的烟气净化处理系统。

其次，从控制原料来源、减少炉内形成、避免炉外低温区再合成以及提高尾气净化效率四个方面着手，对二噁英进行削减控制。

3.3.5.1　控制原料来源

危险废物在焚烧处置前应对其进行前处理或特殊处理，危险废物入炉前需根据其成分、热值等参数进行搭配，使废物在热值、组分含量（如氯、重金属等）、熔渣特点等方面满足危险废物在焚烧炉内稳定高效焚烧的要求。

3.3.5.2　减少炉内形成

严格控制燃烧室烟气的温度、停留时间和流动工况。焚烧炉温度应达到1 100℃以上，焚烧炉烟气停留时间应在 2.0 s 以上，燃烧效率大于 99.9%，焚毁去除率大于 99.99%。对于焚烧多氯联苯（PCBs）废物的焚烧炉，焚烧炉温度应达到 1 200℃以上，焚毁去除率应大于 99.999 9%。焚烧残渣的热灼减率小于 5%。焚烧炉出口烟气中的氧气含量应为 6%～10%（干烟气）。

由于焚烧工况不稳定和无法达到设计的焚烧条件，将产生大量二噁英。因此，应尽可能提高焚烧系统稳定运行的连续时间，减少焚烧炉的启动和停炉次数，这是减少二噁英产生的重要措施。

焚烧炉在非正常工况或不正确的启停机时将会产生大量的二噁英排放。因此焚烧炉系统应制定出合理且经考核后的启停机操作程序。其中,焚烧炉启动时应先启动助燃燃烧器,待炉温升至设定工作温度后,才能进行废物投料。焚烧炉进入停机程序时,应立即启动助燃燃烧器以保持炉内高温焚烧,直至将残留废物燃尽;或阻绝空气进入燃烧室,进行压火作业以减少废气排放。

3.3.5.3　避免炉外低温区再合成

避开 200～500℃温度区间。热能回收后的烟气温度应降至约 600℃,之后需采用急冷处置,使烟气温度在 1 s 内降至 200℃以下,减少烟气在 200～500℃温度区间的滞留时间。

3.3.5.4　加强烟气净化处理

应采用高效除尘设施,例如"活性炭喷射"与"布袋除尘器"等处理工艺。反应器出口的烟气温度应在 130℃以上,保证在后续管路和设备中的烟气不结露。鼓励在烟气净化系统中采用烟气选择性催化脱硝装置,在实现控制 NO_x 排放的同时进一步降低烟气中的二噁英排放量。

3.4　医疗废物焚烧二噁英控制技术

3.4.1　医疗废物特性

医疗废物属于危险废物,含有病毒、细菌及化学药剂等,具有极大的环境危害性。医疗废物的一个显著特点是组分复杂,根据《医疗废物分类目录》分成 5

大类、19 小类，具体种类可达百余种。医疗废物的组分会由于医院的规模、类型及医院管理的差异而存在明显不同，医疗废物的有机组分含量非常高，平均高达70%；同时热值（低位）平均值为 13 000 kJ/kg，远高于中国当前城市生活垃圾热值（5 000 kJ/kg），所以具有良好的燃烧性能。

3.4.2　医疗废物焚烧系统

对于医疗废物，通常多采用热解式焚烧炉和回转窑式焚烧炉进行焚烧处理，基本流程如图 3-10 所示。

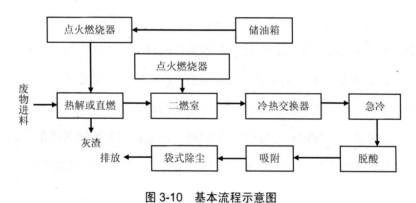

图 3-10　基本流程示意图

3.4.2.1　热解汽化焚烧炉

热解汽化焚烧炉从上往下依次分为干燥段、热解段、燃烧段、燃尽段和冷却段。废物首先在干燥段由热解段上升的烟气干燥，其中的水分蒸发。然后，在热解段分解为一氧化碳、气态烃类等可燃物进入混合烟气中。热解汽化后的残留物（液态焦油、较纯的碳素及废物本身含有的无机物质）进入燃烧段充分燃烧，燃烧温度达到 1 100～1 300℃。燃烧段产生的热量用来提供热解段和干燥段所需的热量。

燃烧段产生的残渣经过燃尽段继续燃烧后进入冷却段，由热解汽化炉底部的一次风冷却（同时达到了预热一次风的目的），经炉排的机械挤压、破碎后，由排渣系统排出炉外。热解汽化炉产生的混合烟气进入二燃室燃烧。

废物在热解汽化炉内经热解后实现了能量的两级分配，热解成分进入二燃室焚烧，热解后的残留物在热解汽化炉的燃烧段焚烧。废物的热分解、汽化、燃烧形成了沿向下运动方向的动态平衡，在投料和排渣系统连续稳定运行的外部条件下，炉内各反应段的物理化学过程也连续稳定地进行，使热解汽化炉可以连续正常地运转。

热解汽化焚烧炉的焚烧过程在两个燃烧室中进行，一燃室设计为缺氧系统，由热解汽化炉底部送入的一次风穿过残渣层，给燃烧段提供充分的助燃氧。空气在燃烧过程中消耗了大量氧，上行至热解汽化段时继续提供参与反应的氧。这种立式炉型和送风方式满足了废物在关键的热解汽化段的温度和反应空气量（缺氧或无氧）条件，使可燃物质热解汽化。二燃室则设计为过量空气系统。医疗废物在供给小风量的一燃室内在 400～700℃热解、汽化，产生的烟气则在二燃室以超量助燃空气将燃烧温度提升到 1 000℃以上，从而达到完全燃烧。

3.4.2.2　回转窑焚烧炉

回转窑焚烧炉操作简单灵活，是适合于焚烧多种类型的固体、半固体和液体废物的多用途焚烧炉，广泛用于各种污泥、渣浆、油膏、废活性炭、酿粕、塑料、橡胶油脂残渣、沥青等高分子废物及感光材料废弃物等危险废物的处理，也应用于焚烧医疗废物。医疗废物从回转窑窑头进入，物料随着筒体的转动缓慢地向尾部移动，在燃烧的过程中与助燃空气充分接触，完成干燥、焚烧、燃尽的全过程。筒体内烟气引入二燃室，燃尽的灰渣由出灰机排出，一般采用湿式出灰。其最大特点是对焚烧废物适应性强，除了重金属、水和无机化合物含量高的不可燃物外，各种不同形态（固体、液体、污泥等）及形状（颗粒、粉状、块状及桶状）的可燃性废物均能处理。

3.4.3　影响医疗废物焚烧过程中二噁英生成的因素

虽然焚烧是有效的医疗废物处置技术，但其处置过程中会产生二噁英等二次污染物。由于二噁英在 300℃生成率最高，所以停机降温过程和开机升温过程是二噁英形成的最佳温度区间。医疗废物焚烧过程中的二噁英生成机理与生活垃圾焚烧、危险废物焚烧过程相似，医疗废物焚烧多为批次式焚烧，由此造成医疗废物焚烧的起、停机频繁，且起、停的运行时段较长，再结合医疗废物高热值和高卤代塑料含量的特点，医疗废物焚烧比生活垃圾焚烧更容易生成二噁英污染物。

3.4.4　医疗废物焚烧过程中二噁英控制技术措施

3.4.4.1　选择合理炉型

应根据医疗废物特性和焚烧厂处理规模选择合适的焚烧炉炉型，应选择技术成熟、自动化水平高、运行稳定的焚烧炉。日处理 10 t 以上的厂家宜选择回转窑焚烧技术，日处理 5～10 t 的厂家宜选择热解技术。

3.4.4.2　优化工艺参数

（1）采用热解技术，一燃室温度控制在 600～800℃，二燃室 850～1 100℃；采用回转窑焚烧技术，一燃室温度控制在 850～900℃，二燃室的温度维持在 900～

1 200℃,烟气停留时间为2 s以上。燃烧效率大于99.9%,焚毁去除率大于99.99%,焚烧残渣的热灼减率小于5%;焚烧炉出口烟气中的氧气含量应控制在6%～10%(干烟气)。

(2)高温热烟气进入余热锅炉,回收大部分能量后的烟气温度降至约600℃。余热锅炉出来的高温烟气应采用急冷处置,使烟气温度在1 s内降至200℃以下,减少烟气在200～500℃温度区间的滞留时间。

3.4.4.3　优化操作模式

应尽可能提高焚烧系统稳定运行的连续时间,减少焚烧炉的启动和停炉次数。焚烧炉系统停炉操作程序与危险废物焚烧炉要求一致。

3.4.4.4　加强烟气净化处理措施

(1)烟气急冷技术。利用冷热交换和喷淋的方式,使高温烟气急速降温,以避开二噁英再合成的温度段,从而达到抑制二噁英再生成的目的。该技术对烟气的降温分为两个阶段,第一阶段以空气或冷却水为冷却介质,采用冷热交换的方式,将烟气温度从850℃降至600℃;第二阶段通过喷淋的方式喷入冷却水与烟气直接接触,使烟气在1 s内温度从600℃降至200℃。烟气急冷过程,还能起到洗涤、除尘的作用。另外,部分蒸发的重金属气体会重新凝结或团聚到灰尘的颗粒上,通过除尘器收集灰尘去除重金属。

(2)活性炭吸附。利用活性炭内部孔隙结构发达、比表面积大、吸附能力强的特性,在烟气中添加粉状活性炭同烟气混合,活性炭对二噁英类物质进行初步吸附;混合均匀的烟气进入袋式除尘器,活性炭颗粒被截留在滤布表面,在滤布表面继续吸附,从而提高二噁英类物质的去除效率。按填充方式可分为活性炭流化床吸附和活性炭固定床吸附:固定床吸附技术尤其适合废物变化较大的医疗废物焚烧设施，一般作为末端控制技术。流化床吸附技术适用于任何规模，根据焚烧炉的二噁英产生情况灵活使用，通常放在袋式除尘器之前，与活性炭注入加袋式除尘技术联合使用。

（3）催化分解技术（SCR）。在相对较低的温度下，利用催化剂的活性分解技术，将二噁英分解成为无机物质，从而彻底消除二噁英的存在。由于催化剂的存在，在适宜的温度情况下（150～500℃），二噁英气体会在催化剂表面发生脱氯反应，使二噁英的苯环破坏，从而将二噁英分解为无害的 CO_2、H_2O 和 HCl；同时由于氯的缺失可以保证后续不会再重新形成二噁英，能实现 95%以上的分解效率。

第4章 再生铜生产行业二噁英污染控制技术

4.1 基本概念

4.1.1 再生铜行业在我国的发展概况

我国再生铜行业经过几十年的发展，已经形成了一个独立的工业体系。目前在我国长江三角洲、环渤海地区和珠江三角洲，已形成了3个重点废铜拆解、加工和消费区，并已形成了回收、进口拆解、分类、加工利用的完整产业链，以及广东南海、清远，浙江台州、宁波、永康，天津静海等以进口废杂铜为主的加工利用地区和山东临沂、湖南汨罗、河南长葛、辽宁大石桥等以回收国内废杂铜为主的集散地20多处。最近几年，我国再生铜产业发展迅猛，规模较大的企业产能进一步扩大。据统计，截至2012年，我国再生铜产量为275万t。

再生铜的原料是各种废杂铜，目前国内废杂铜回收占总利用量的35.4%，其中进口占64.6%。我国从20世纪90年代开始进口含铜废料，进口量逐年增加。以实物量计1995年突破100万t，2000年突破250万t，进入21世纪年进口量均保持在 300 万 t 以上。2013 年中国共进口含铜废料 437 万 t（实物量）。

4.1.2　再生铜原料

铜为紫红色光的金属，熔点 1 084℃，沸点 2 567℃。再生铜生产中所使用的原料来源广泛。再生铜火法生产具体所用含铜原料如表 4-1 所示。

表 4-1　火法处理铜原料及处理方法

名称	废料来源	主要成分含量/%	处理方法
特紫铜（纯废铜）	导电用铜	Cu≥99	直接回炉处理，生产再生铜线、铜锭
紫杂铜	紫铜废型材、线材及废屑	Cu≥90～98，Zn 2～5	生产阳极铜进行电解精炼、化学法生产硫酸铜
纯废黄铜	黄铜加工过程废料	H90：Cu 89～91，Zn 余量，杂质 0.2 H80：Cu 79～81，Zn 余量，杂质 0.3 H68：Cu 67～70，Zn 余量，杂质 0.3	生产相应牌号的废铜
黄杂铜	废屑、废件、废弹壳	Cu 50～80；Zn 10～30	用于生产铜合金
白杂铜	铜、镍、锌合金	Cu 54～70，Zn 18～30，Ni 2.5～15	用于生产铜合金
青废铜	铜、锡合金	Cu 70～75，Sn 10～20	用于生产铜合金
铜渣	精炼炉产生的炉渣	Cu 10～60，SiO_2 12～45	用于生产铜合金

4.1.3　再生铜生产工艺及炉型

4.1.3.1　再生铜生产工艺

目前废杂铜的利用途径有两种：一是经过熔炼之后生产电解铜；二是直接利用，即直接利用分类后的废杂铜生产铜材或合金产品。重点关注熔炼过程。

再生铜熔炼生产技术路线主要有以下几个流程：

①原料的预处理：根据不同原料主要有分选、废弃设备的解体等。

②火法熔炼：将废铜经火法熔炼成粗铜和阳极铜，然后再电解精炼成阴极铜。按废料组分不同，可采用一段法、二段法和三段法三种流程。

③电解：阳极铜通过电解精炼生产阴极铜。

国内再生铜企业的基本生产工艺路线如图 4-1 所示，排放烟气环节为主要产污环节。

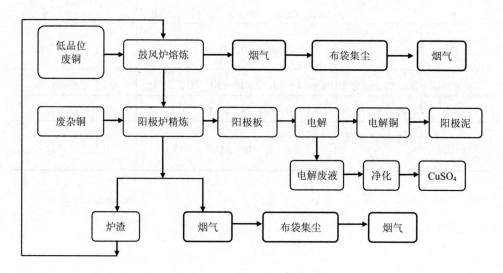

图 4-1　再生铜冶炼一般工艺

（1）三段法再生铜生产方法

传统的再生铜生产方法主要是指传统的一段法、两段法、三段法，但这三种生产工艺目前已经渐被淘汰，只有一些生产规模小的企业仍在使用。传统的再生铜生产方法的主要缺点是：对于废杂铜合金成分的综合利用程度低，能耗高，加工成本高。而传统的再生铜生产方法，即一段法、两段法、三段法所采用的设备以传统的反射炉为主，目前反射炉生产设施的技术水平并未明显改进。

一段法：将废铜料加入反射炉进行火法精炼铸成阳极铜，之后进行电解精炼（图 4-2）。

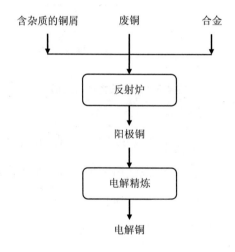

图 4-2　一段法生产再生铜

二段法：将废铜料先在鼓风炉中还原熔炼得到粗铜，然后在反射炉中精炼成阳极铜；或是将废铜料先经过转炉吹炼成粗铜，之后在反射炉中精炼成阳极铜（图 4-3）。

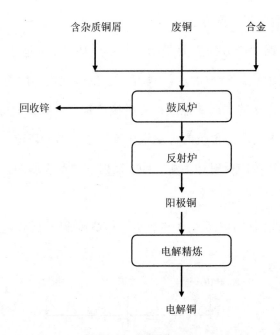

图 4-3   二段法生产再生铜

三段法：将废铜料经鼓风炉—转炉吹炼—反射炉精炼产生阳极铜（图 4-4）。三段法涵盖了一段法与二段法。三段法用于处理含铜量不高的废铜料，其中鼓风炉用于脱除炉料中大部分锌，并产生杂质含量较多的黑铜，黑铜在转炉中脱铅、锡等杂质，得到粗铜，粗铜用于炼阳极铜。在整个工序中，烧结及烟气产生和处理环节可能产生二噁英。

废杂铜在鼓风炉中进行还原熔炼，熔炼炉中加入的焦炭量占炉料总量的10%～15%，焦炭燃烧放出的热量足以使炉料熔化，并使炉体过热；同时形成一定的还原气氛，使铜及其他金属氧化物还原。按鼓风炉的高度，杂铜鼓风炉可分为五个区段：

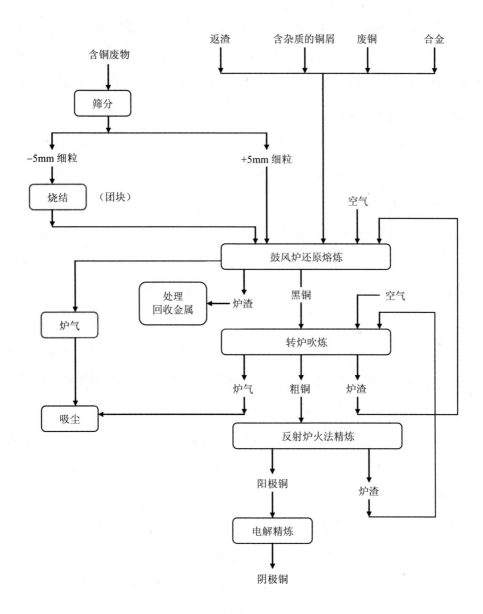

图 4-4　再生铜三段法流程图

① 第一区段是预备区，位于炉子顶部，此区段炉温为 400～600℃。在这个区段，炉料预热，水分蒸发，使铅、焊料等易熔物熔化形成液相；同时还使处于

预备区的锌蒸气和氧气作用，产生大量热，使炉温升高到 $650\sim800\,^\circ\text{C}$。

② 第二区段是杂铜鼓风炉的核心区之一，这个区段炉温为 $600\sim1\,000\,^\circ\text{C}$，一系列物理化学过程在这个区段进行，如黄铜熔化、铜锌合金中的锌蒸发、有色金属和铁的氧化物开始还原。

③ 第三区段温度为 $1\,000\sim1\,300\,^\circ\text{C}$，位于风口上方，也是鼓风炉的核心区段之一，有色金属氧化物的还原过程在该区段完成，炉料熔化并形成铜和炉渣，锌和其他易挥发成分相继转入气相。

④ 第四区段为鼓风炉的焦点区，位于风口和稍高部位，炉温高达 $1\,300\sim1\,400\,^\circ\text{C}$，这里充满赤热的焦炭，熔炼产生的液态物通过焦炭层过滤下去。易挥发分发生强烈挥发，焦炭在这里强烈燃烧。部分 CO_2 又被还原成 CO，从而保持高温和还原气氛。

⑤ 第五区段为炉缸。熔炼液态物都聚集在炉缸中，在此进行澄清分层，黑铜定期从炉缸排到炉外，当炉外设有前床或电热前床时，则混合熔体不断从炉缸排入前床或电热前床中进行澄清分离，炉缸中熔体温度为 $1\,200\sim1\,250\,^\circ\text{C}$。

鼓风炉熔炼杂铜时得到的黑铜含有大量杂质，必须通过吹炼，进一步除去其中某些杂质，以生产合乎有关标准的粗铜（次粗铜）。吹炼作业大多在转炉中进行。转炉吹炼的主要原料有两大类：一类是青杂铜，另一类是鼓风炉熔炼产出的次黑铜。转炉吹炼得到的次粗铜，再通过火法精炼得到高纯度的阳极铜。

杂铜精炼的原理是基于大多数杂质对氧的亲和能力大于铜对氧的亲和能力，从而使杂质氧化成不溶或极少溶于铜液的氧化物，这些氧化物或挥发，或造渣，从而从铜液中脱除；其实质是将空气通入铜液中，利用空气中的氧将杂质氧化脱出。目前用于杂铜火法精炼的炉型主要有反射炉、回转式精炼炉、倾动式精炼炉等。反射炉精炼过程包括熔化（装冷料时）、氧化（蒸锌、脱铅）、还原和浇铸等作业。

（2）阳极炉再生铜生产方法

废杂铜的熔炼另一种主要工艺是阳极炉熔炼之后生产电解铜，工艺包括原料预处理、熔炼、电解、深加工。其中，排放烟气环节为二噁英产生环节（图 4-5）。在最近的十几年中，一些原生铜冶炼厂也在利用少量的废杂铜，如在转炉中加入一定比例的废杂铜，在阳极炉中加入废杂铜等。

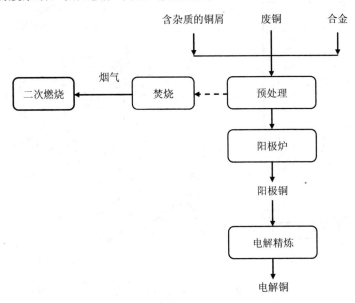

图 4-5　阳极炉熔炼流程图

4.1.3.2　再生铜生产炉型

（1）鼓风炉

鼓风炉是熔炼铜废料的通用设备之一，常用于处理含锌高的黄杂铜和白杂铜，以及各种低品位原料。鼓风炉熔炼的杂铜所含杂质较多，呈现黑色，称为黑铜。黑铜需要进一步在转炉中吹炼成粗铜。含铜废料在鼓风炉中熔炼是还原熔炼过程。熔炼时加入占炉料量 10%～15% 的焦炭，焦炭燃烧放热使炉料熔化，使锌和其他易挥发有色金属进入气相。沿鼓风炉高度，从上到下，可以将炉体分为五个区域，如图 4-6 所示。鼓风炉烟气成分含量大致如下（%）：CO_2 3～5；O_2 8～10；CO 11～14；N_2 69～75。出炉烟气温度为 800～1 000℃。

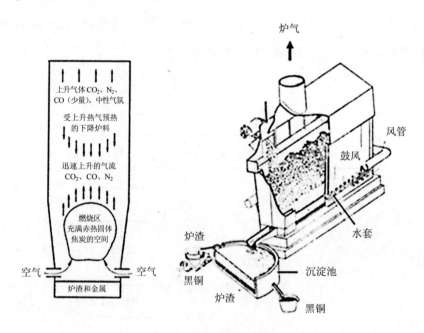

图 4-6　还原熔炼鼓风炉

（2）转炉吹炼

转炉炉体用钢板制成，呈圆筒形，可转动，内衬耐火材料，吹炼时靠化学反应热加热，不需外加热源，是重要的炼钢设备，也可用于冶炼铜、镍。按气体吹入炉内的部位分为底吹、顶吹和侧吹转炉；按吹炼采用的气体，分为空气转炉和氧气转炉。

转炉吹炼是一个强氧化过程，目的是使再生铜原料中的杂质氧化除去，并进一步处理回收；二是使所产粗铜成分能满足下一步精炼的要求。在粗铜的火法精炼中，主要靠置换反应去除杂质：铜被吹入的氧气氧化成氧化亚铜（Cu_2O），Cu_2O

会与 Fe、Zn、Pb、Sn、As、Sb、Ni 等反应析出铜。在氧化过程中，剧烈的搅拌创造了良好的传热和传质条件，Fe、Zn、Sn 经过造渣进入炉渣，Pb、Sb、Ni 则进入气相。

黑铜吹炼时将液态黑铜倒入转炉中，若在转炉中处理固态铜，则首先需要在转炉中燃烧燃料使其熔化（图 4-7）。经分选过的铜和铜基合金废料，如热交换器、铜导线等，也可以加入到转炉；以石英为熔剂，同时加入焦炭以维持所需要的温度。

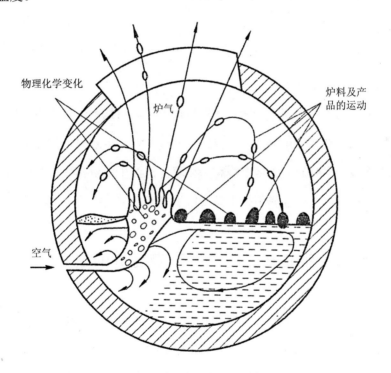

图 4-7　吹炼时熔体运动示意图

（3）反射炉

反射炉是室式火焰炉。炉内传热方式不仅是靠火焰的反射，更主要的是借助炉顶、炉壁和炽热气体的辐射传热。就其传热方式而言，很多炉型，如加热炉、平炉等，都可归入反射炉。反射炉在有色金属冶炼中用途很广，一直是炼铜的主要设备。

反射炉的精炼操作分为加料、熔化、氧化、还原、浇筑五个阶段。其中，根据炉料中杂质的性质，氧化阶段又可以分为三个阶段：第一阶段为加焦炭鼓风蒸锌期，此阶段主要任务是脱锌；第二阶段为鼓风加石英砂除铅、锡；第三阶段为精炼期，主要是脱除砷、锑、镍等较难除去的杂质，此时加入碳酸钠、石灰、萤石等碱性熔剂。还原阶段主要为脱除铜液中的氧。

（4）电解精炼

再生阳极粗铜电解精炼的目的是进一步脱除杂质和回收金银，产出纯度很高、在电气工业应用的电解铜。

铜的电解精炼，即将火法精炼的铜铸成阳极，用纯铜薄片作为阴极，用硫酸和硫酸铜的水溶液作为电解液，通直流电进行电解。电解时，消耗阳极，阳极上的铜进入溶液，贵金属和不溶金属称为阳极泥沉淀于电解槽底，溶解的铜在阴极上析出，其他电位低的金属不析出而残留于电解质溶液中。

4.2　影响再生铜生产过程中二噁英生成的因素

作为原料的废杂铜可能含有切削油、塑料、油漆等有机物和对 PCDD/Fs 的生成起催化作用的铜，这些是 PCDD/Fs 生成的物质条件。再生铜熔炼温度一般在 1 380～1 450℃，可以破坏分解二噁英，但是当气体开始降温时，若温度在 250～500℃保持一定时间，则细小碳粒会和原料或熔剂中的含氯化合物反应，可由从头合成反应或前驱物合成反应的途径生成二噁英。原料中的金属如铜、铁等，对反应有催化作用。形成的二噁英易于吸附于固体物质表面，以烟尘形式外排，在对烟尘进行收集处理时，二噁英富集于粉尘中。

在废杂铜的熔炼阶段，不同的生产工艺和设备，二噁英的产生阶段也不同。以目前再生铜工业最广泛采用的固定式阳极炉看，熔炼的三个主要阶段都有可能产生二噁英。

第一个阶段是加料阶段。此阶段由于边加料边熔化，废铜中的有机物会不充分燃烧，而且烟气的温度低，是产生二噁英几率最高的阶段。研究发现，含氯的有机物在缺氧的情况下不充分燃烧会大量产生二噁英的前驱物（如氯酚、多氯联苯），前驱物的分子在低温区被飞灰上的铜、铁及其氧化物吸附并催化，最终导致形成二噁英。

第二个阶段是氧化阶段。因为大量的有机成分在熔化阶段不充分燃烧，这些不充分燃烧的残渣及灰烬一部分进入烟道，还有一部分残留在熔体中，并在氧化初期参与反应，因此，氧化初期也是产生二噁英的几率较高的阶段。

第三个阶段是还原阶段。此阶段熔体中的有机物已经基本不存在了，产生的二噁英的几率降低，但还原剂等有机物还有可能产生二噁英。

4.3　常用的二噁英控制技术措施

二噁英控制技术包括预筛选、清除进料中的有机物、保持操作温度在 850℃以上、使用能够急速降温的后燃器、活性炭吸附以及袋式除尘器除尘。可供选择的技术措施有：

> ➢ 可选用鼓风焚烧炉、袖珍熔炉（全封闭）、封闭的浸没式电弧炉、ISA 熔炉、全封闭的 TBR 炉和 Peirce-Smith 转炉等设备。如果安装完善的净化系统，则采用封闭浸没式电弧炉的二噁英产生量较少。

> ➢ 可选用的工艺有：机械化湿式、干式线缆拆解铜米工艺，竖平炉精炼工艺，倾动炉精炼工艺，火法精炼紫杂铜直接制杆工艺，再生黄铜棒电炉

熔炼-潜液转流-多头多流水平连铸工艺。采用完全不含有机物的洁净废铜原料时，可使用床式反射炉工艺、床式轴反射炉工艺。

➢ 提高预处理技术水平，控制原料中的油、塑料、油漆等有机物及含氯物质的含量；在满足工艺要求的情况下，尽可能少用或不使用含氯元素的熔剂。

➢ 构建二次燃烧装置。控制峰值燃烧速率，缩短炉温在 250～500℃的停留时间，一般要求保持燃烧炉温在 850℃或以上；减少由不充分燃烧生成的有机物。燃烧后冷却过程中，尽可能缩短炉温在低温区间的停留时间，减少二噁英二次生成。

➢ 采用活性炭吸附和袋式除尘，可有效地捕集二噁英，控制其对环境的污染。收集的飞灰等须经高温处理，以分解去除其中所吸附的二噁英物质，并回收金属。

4.4 推荐的二噁英控制技术措施

目前国内再生铜生产企业对二噁英的治理还处于初步阶段，极少装备专门针对二噁英的治理设备。国内一些企业采用袋式除尘器对控制烟气的二噁英有一定的效果。

通过对再生铜工业二噁英的产生点进行分析，结合国内外再生铜的原料状况、生产技术、行业现状以及环保技术等，推荐适合我国再生铜生产工艺特点的二噁英污染控制技术措施（表 4-2）。

表 4-2　再生铜生产行业二噁英污染控制技术措施

方法名称	方法描述	工艺特点	应用说明
预处理技术			
湿法洗涤	利用滚筒式洗涤设备进行洗涤，不仅可以有效地分离出废铜中的泥土等夹杂物，也可以有效地去除油污和轻质的有机质（如塑料薄膜等），减少熔炼过程中的二噁英产生量	主要针对处理碎料	产生的洗涤液进入沉淀池进行沉淀，并定期进行隔油处理，清液循环使用，污泥定期清除，回收的油作为燃料处理
分选技术	人工分选：可以有效地分离出废铜碎料中夹杂的大块有机废料	——	——
	机械化分选：利用风选、电选等方式有效地分离废铜碎料中的塑料、颗粒污染物、金属、非金属等	节省运营成本，增强分选目标针对性，提高分选效率	日本等发达国家曾大量采用
废电线预处理技术	对废电线电缆进行预处理，去除表面塑料皮	可选设备包括导线剥皮机等	已经基本去除了废电线表面的塑料皮，因此，避免了熔炼过程中二噁英的产生
预焚烧技术	对废铜进行焚烧，产生的烟气进行二次燃烧，高温分解二噁英；为了遏制烟气缓慢冷却过程中二噁英的合成，对烟气采取急冷处理	预处理的主要设备是密闭焚烧炉、烟气二次燃烧室、烟气急冷设施、吸附装置等	预焚烧处理技术在日本再生铜生产企业有采用
熔炼技术			
改进式固体式阳极炉	建设烟气二次燃烧室，使阳极炉中的烟气在二次燃烧室高温燃烧，当来自固定式阳极炉的烟气进入二次燃烧室之后，由于燃烧室空间加大，氧气充分，烟气的有机物质得到充分燃烧，使二噁英得到分解	熔炉的顶部区域需要有足够的氧气以达到完全燃烧	国内已有应用，环保效果很好，常规污染物得到有效控制，对二噁英的削减控制也有明显效果
	对阳极炉的炉门系统进行技术改造，配备集烟罩，加料熔化过程集烟罩收集的烟气进入二次燃烧室	——	

方法名称	方法描述	工艺特点	应用说明
卡尔多炉	低品位废铜不做任何处理，可以直接投入卡尔多炉	（1）配备了急冷设施，使高温烟气在瞬间冷却至300℃以下（2）原料的含铜量可高可低，适合处理废电路板，尤其是处理带有电子元件的电路板，效果较好	优点多，但其投资甚高，设备的折旧费用高
奥斯麦特/艾萨炉	采用全封闭式的熔炼，还原和氧化阶段在同一设备中进行	处理低品位废杂铜和电子废料具有金属回收率高、渣含铜量低、粗铜品位高、环境效益好等优点	日本同和矿业株式会社于2007年引进了该技术处理复杂含铜废料。设备投资高，且由于原料需要破碎，比常规的再生铜熔炼技术生产成本高
新技术研发	熔池熔炼技术	包括顶吹熔池熔炼技术、侧吹熔池熔炼技术等	传统熔炼设备的改造主要是增加熔炼设备的密闭性，减少烟气的外逸，并建设二次燃烧室
改变传统的操作方式			
提高加料时的温度	提高加料时的温度，使炉温达到800℃以上	——	——
保持微负压加料和熔化	在全部加料、熔炼过程中保持微负压操作，避免烟气的外溢	——	——
保证有足够的氧	提高熔炼过程的空气过剩系数，保证废铜在有机物得到充分燃烧		
对烟气有效地捕集	设置集烟罩，捕集烟气，并将对烟气进行处理		
末端治理技术			
高效除尘	二噁英吸附在烟尘颗粒上，故对飞灰等颗粒污染物进行收集	大型的再生铜生产企业都加装了袋式除尘器，推荐采用	考虑增加二次燃烧

方法名称	方法描述	工艺特点	应用说明
烟气急冷塔	烟气进入除尘器之前设置急冷塔,可以迅速降温,使温度小于250℃,既满足了布袋除尘器的要求,又避免了二噁英的再次生成,建设急冷设备是目前企业都可以接受的	二噁英在 250～500℃形成,而在大于 850℃的高温和氧气存在下会发生分解	防止二噁英重新合成
活性炭吸附	活性炭具有高比表面积,能够有效地吸附尾气中的二噁英	可以考虑的工艺包括:(1)利用固定床/移动床反应器进行活性炭吸附处理;(2)在气流中喷射活性炭	石灰、活性炭混合物可以考虑使用

第 5 章　再生铝行业二噁英污染控制技术

5.1　基本概念

5.1.1　再生铝行业在我国的发展概况

我国再生铝产量逐年增长。我国进口废铝实物量由 2002 年的 44.7 万 t 增长到 2009 年的 263 万 t（实物量），年平均增长 28.8%；国内回收废铝由 2002 年的 64 万 t 增长到 2009 年的 100 万 t（金属量），年平均增长 6.5%；再生铝产量从 2002 年的 130 万 t 增长到 2009 年的 310 万 t，年平均增长 13.2%。2009 年我国再生铝产量创历史新高，占当年原铝消费量的比例为 22%。

目前我国已经形成珠江三角洲、长江三角洲、环渤海、成渝经济区等废铝加工利用重要区域。许多国内废铝回收交易市场也开始由单纯的回收集散功能向深加工方向发展，并已形成一定的产业规模。目前，沿海发达地区再生铝企业有向中西部地区扩展的趋势。

5.1.2　再生铝原料

铝是银白色金属，熔点 660.4℃，沸点 2 467℃。再生铝原料包括：

（1）铝废件和块状残料：铸造、锻造铝制品（包括用铝制板材、线材、型材生产的铝制品）时的废件；用铝制板材、型材加工铝制品时所产生的边角料；用铝导线制造电缆、电导体和生产电工产品时的废料。

（2）铝和铝合金机械加工时所产生的废屑：这种材料往往被铁、乳浊液、油等污染。

（3）铝冶炼残渣：铝和铝合金熔炼过程中产生的浮渣，包括铸型时的泡沫渣。

（4）其他铝杂料：如收集的成分复杂的混杂铝等。

5.1.3　再生铝生产工艺及炉型

5.1.3.1　再生铝生产工艺

再生铝生产过程的关键在于最大限度地减少铝屑的烧损，提高铝的实收率。故使铝屑不直接接触火焰而是浸泡在铝液中被铝液烫化，是减少铝屑烧损的基本操作要求。

废铝熔炼通常是在覆盖熔剂的情况下进行的，熔剂的作用一是保护铝不受氧化，二是吸附已生成的氧化物，使这些氧化物从铝合金中脱除。废铝熔炼中常用氯化钾、氯化钠等氯化物作为熔剂，这为二噁英的生成提供了氯源。

我国再生铝生产路线一般为：原料预处理→熔炼→成分调整→铝液处理→铸造。其中烟气产生排放环节为二噁英主要污染节点（图 5-1）。

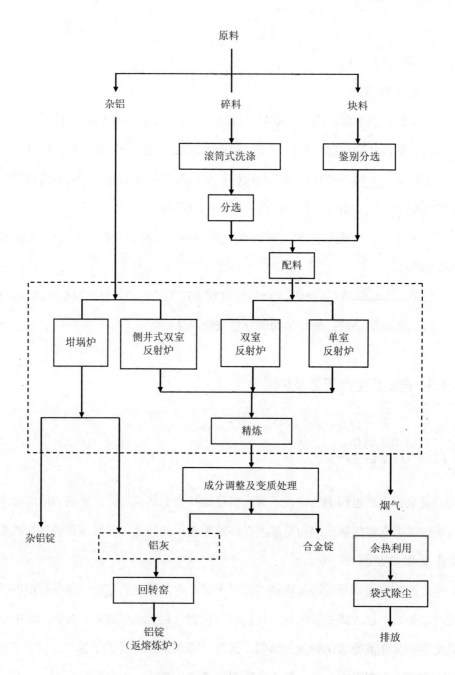

图 5-1　再生铝生产工艺

5.1.3.2　再生铝生产炉型

含铝废料的处理一般用火法冶炼的方法，熔炼废铝物料的设备类型众多（图5-2），对于炉型的选用，需要依据当地的能源情况、原料纯度等选择不同的炉型。

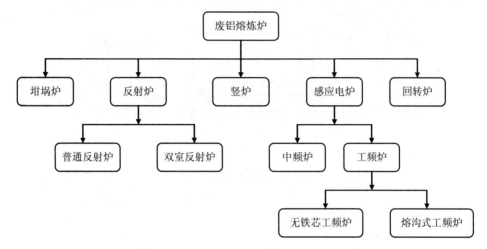

图 5-2　再生铝熔炼炉型

我国熔炼再生铝的设备主要是反射炉、坩埚炉、感应电炉。坩埚炉生产能力小，一般都在小企业采用，大中型企业应用最广泛的是反射炉。各企业之间的反射炉虽有一定的差异，但原理基本相同。

（1）反射炉

反射炉是国内外常用的熔炼铝的设备。操作时，先将反射炉炉底加热到1 000～1 100℃，再加入废杂铝料，并在炉料与火焰接触的地方盖上熔剂；待炉料全部熔化后，再加入新鲜的熔剂，当熔剂完全熔化后再加入下一批炉料，直到炉内达到规定的炉体量为止。当熔体表面上形成液体熔剂层后，方可从熔体中除去废铝料带入的铁构件。

工业上采用的反射炉（图5-3，图5-4，图5-5）有一室、二室和三室几种炉型，常用的是二室炉型。图 5-3 为顺流式两室反射炉，由熔炼室和铝水室（前室）组成，铝水室较熔炼室位置低，作用是储存铝液和调节合金成分，而熔炼室起到熔化作用，其容量一般为 10～30 t。

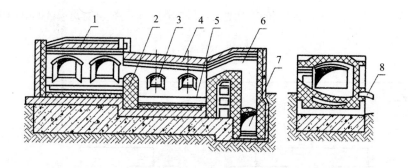

图 5-3　顺流式两室反射炉

1-熔炼室；2-挡火墙；3-装料口；4-炉顶；5-前床；6-竖烟道；7-烟道；8-液态渣和铝合金放出口

除顺流式两室反射炉外，还有逆流式两室反射炉（图 5-4），即气流方向与铝合金流动的方向相反。

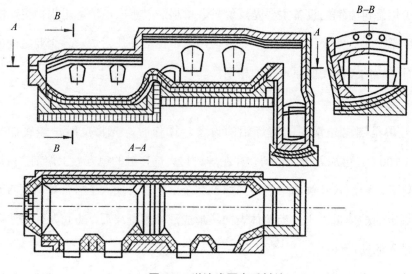

图 5-4　逆流式两室反射炉

若欲处理更大尺寸的废件，可采用顶部加料的熔炼反射炉（图 5-5），它由垂直的熔炼室和前室组成。加料口位于熔炼室顶，并有密封盖，铁质零件从熔炼室的下部操作口扒出，熔体由熔炼室流入前室后，经溜槽放出浇铸。

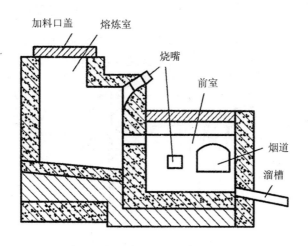

图 5-5 顶部加料两室反射炉

如果炉中的熔融液全部铸锭，那么在进行下一炉熔炼时，开始加入的一部分废铝就会和火焰接触，即存在烧损问题。为解决以上问题，采用两段式的企业会另建一个静置炉；双室反射熔炼炉只起到熔炼和调节成分的作用，而大部分精炼过程在静置炉中进行。

（2）感应电坩埚炉

坩埚炉可以作为熔炼炉，也可以作为保温炉。当作为熔炼炉用于熔炼铝时，其加热方式多采用电热，因为电加热温控简便，也可以采用燃气或是重油燃烧加油。熔铝用坩埚一般用铸铁铸成，而石墨坩埚使用较少。熔炼铝合金时，因熔炼温度低，多在 700~800℃，因此，常用铸铁坩埚炉。

下面就感应电坩埚炉中的一种——无芯坩埚型感应电炉（图 5-6）做简单介绍。在熔炼时，先往坩埚型炉中加入合金锭或是块状废料，然后开炉，逐渐升高绕组电压，生成液态熔体后，再加入废铝件。当坩埚中液态合金达到规定的最高液位时，加热到 720～740℃，清除炉瘤后，进行表面扒渣。

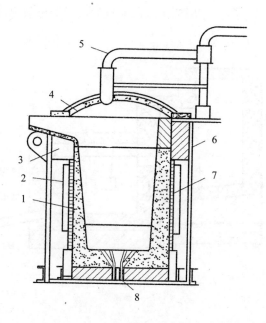

图 5-6   无芯坩埚型感应电炉

1-坩埚；2-导磁体；3-金属环；4-炉盖；5-烟道；6-炉壳；7-感应线圈；8-电极

（3）熔沟型感应电炉

熔沟型感应电炉由两部分构成——竖炉身和可拆的感应加热系统（炉底，即熔沟部分）。炉身内衬有耐火砖，炉底部分的炉壳由非磁性合金制成，在炉底部分有垂直的熔沟，熔沟内包围了铁芯和变压器的一次绕组。当熔沟被液态金属充满后，就形成了二次绕组的短路环。在短路环中电流极大，所产生的电能转变为热能，使短路环中的金属被迅速加热，并将热量传递到炉料，因液态金属在熔沟与炉料之间剧烈循环，使得液态合金金属具有良好的搅拌环境。炉料由炉壳上部的加料口加入，当炉子转动时成品合金就会经出料口流出。图 5-7 为立式有芯感应电炉。

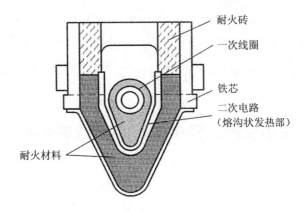

图 5-7 立式有芯感应电炉

（4）回转炉

回转炉（图 5-8）多用于熔炼打包的废易拉罐、炉渣和品质不高的废料。回转炉是一个水平放置的圆形炉，在一端装有烧嘴的是燃烧室，另一端则设有可移动的排气箱。加热燃料为柴油、天然气或是粉煤，热量由炉壁吸收传给炉料，熔剂为 NaCl、KCl、冰晶石。

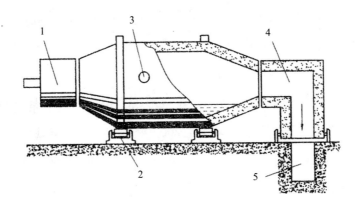

图 5-8 回转炉

1-燃烧室；2-托辊；3-出料口；4-活动排气箱；5-烟道

（5）竖炉

所谓竖炉熔炼，是指在竖炉的基础上，在其后加一个平炉。竖炉的主要作用是炉料预热及熔化，熔体流入平炉再进行精炼。

5.2 影响再生铝生产过程中二噁英生成的因素

5.2.1 熔炼阶段

反射炉熔化温度一般在 700℃左右，废铝若不脱除有机物则直接入炉熔炼，大量有机物入炉后因受热会生成含有有机物质的气体，在烟道中可能生成二噁英。此外，二噁英很容易在细小粉尘颗粒上富集（富集率达 75%以上），在铝灰渣利用过程中又会因受热再次释放出来。

经过预处理的废铝进入熔炼设备进行熔炼，炉料入炉后即可升温熔化，为减少金属烧损，在炉料软化下塌时，会适当向金属表面撒上一层助熔剂以避免熔融态铝的氧化。进料后，通过机械方法使原料沉入剩余金属液中，此时熔炼温度一般不高于 760℃。当炉料在熔池里充分熔化，并且熔体温度达到熔炼温度时，即可扒除熔体表面漂浮的大量氧化渣。二噁英形成的温度范围在 200～500℃，而通常认为最容易生成二噁英的温度范围是 200～450℃。而且熔炼过程中加入了助熔剂（NaCl、KCl、$MgCl_2$、$CaCl_2$ 等），又促进了二噁英的生成。因此，废铝熔炼温度升高过程将可能产生二噁英，升温速度（升温时间）控制对二噁英污染物产生量有直接影响。

5.2.2　成分调整和精炼阶段

废铝熔炼过程中硅的损耗大，因此在调整合金成分时，经常需要补加一定量的结晶硅。调整成分后进行搅拌，以使合金成分分布均匀、熔体内温度一致。经调整，成分合格的铝液需转注到保温炉内精炼及静置；同时用氮气加 $AlCl_3$ 或加冰晶石来除镁。根据产品质量要求不同，向熔体内吹入氮气或氩气等惰性气体，使夹带的气体上升到表面并被漂浮的助熔剂吸收；或加入碱金属的氯盐和氟盐的混合物，除去碱金属、碱土金属、铝的氧化物以及其他非金属杂质。精炼过程中烟尘降温时，也有利于二噁英生成，且原料中的金属铜、铁等对反应有催化作用。形成的二噁英易于吸附于固体物质表面，当通过洗涤、过滤净化烟气时，则富集于粉尘中。

精炼过程中温度一般在 650～700℃，且调质用铝材主要为品质较高的废铝原料如易拉罐、废铝线等，仍有可能产生二噁英。

5.2.3　烟气末端处理阶段

烘干、熔炼、精炼时所产生的烟气，由烟气收集装置收集后，一般可以采用后续燃烧的方法处理。后续燃烧（二次燃烧）温度一般控制在 950℃以上，氧气由燃烧炉上部注入，以确保有机化合物完全燃烧。在气体通过尾气处理系统冷却时，也可能再次发生合成反应。因此，有必要在后续燃烧装置后设置快速冷却系统，使尾气温度迅速降到 250℃以下。

5.3　国内外成熟的二噁英控制技术

发达国家对再生铝生产过程中产生二噁英问题较为关注，在机理研究和控制技术方面也有一定的积累。根据文献检索结果，相对成熟的二噁英控制技术包括以下几个方面。

（1）采用成熟炉型

➢　包括反射炉、旋转炉、倾斜旋转炉、感应炉和 Meltower 高炉。

（2）关于原料和材料

➢　对冶炼原料要加强分类

➢　去除树脂和油脂

（3）在熔炼室中进行燃烧和熔炼时进行控制

➢　尽可能减少熔炼炉启停次数，减少不完全燃烧和烟尘的产生

➢　达到设定温度后再加入原料，并将产生的烟尘进行收集后处理

（4）在开放池中进行熔炼时进行控制

➢　通过测定烟道尾气中 CO 与 O_2 浓度来调整燃料用量

➢　根据烟尘产生情况调整熔融材料的供给量

➢　保持烟尘收集器的正常运行（定期检查和更换滤袋）

（5）除镁过程的技术要点

➢　在熔融过程中通过提高初始温度来提高效率

➢　根据镁的含量来调整助熔剂的种类

➢　氯及助熔剂的用量要优化

（6）对烟气进行收集和处理

➢　配备高效除尘器

5.4　再生铝生产行业二噁英防治技术

针对我国再生铝生产的工艺特点，按照全过程管理的原则，对二噁英进行削减控制（表 5-1）。

表 5-1　再生铝生产行业二噁英防治技术

设备		工艺特点	应用说明
原料预处理	风选机	由粗碎、细碎和风力输送等装置组成，去除废铝中混杂的塑料、橡胶等	——
	热分解设备	利用烟气余热对废铝进行加热，使水分、油污、塑料、纸张等有机物在热分解炉中预先去除。常选用的设备有平流窑、向转窑、竖窑等	可迅速解决内含的可移除杂质，且污染较小。但设备投入较大，需维护和使用电能等。推荐大中型企业选用
	表面油污、涂层的分离设备	适用于大多数废杂铝表面油漆防护层的去除，使用较为普遍的有流化床脱漆或用带有干冰的高压水冲刷以去除废铝材料表面的油污	中小型再生铝生产企业可采用漆包线刮漆机；企业需要自行建设水洗系统
选择适宜的熔炼设备	铝屑炉	目前国内外比较先进的废铝熔炼设备，主要用于铝屑、易拉罐和切片的熔炼，炉体由前室、主熔室和侧井组成	废铝氧化烧损低，回收率高。配套环保处理设施要求较高
	双室反射炉	将传统反射炉用隔墙分为加热室和废料室两个炉室，设备投入相对较低	废气排放少，能耗低，金属损耗低，生产效率高。特别适用于再生铝熔炼
	带电磁搅拌系统的反射炉	利用电动机的电磁感应作用产生推力，使铝液沿推力方向上下搅拌	经搅拌温度均匀，提高了热吸收率，减少了能量损失；熔化室密闭，炉内热量损失较少，缩短了熔化时间
	带加料井式的熔炼炉	该种熔炼炉也是双室反射炉，由加料井、熔炼炉和磁力泵组成。生产中，铝废料持续加到加料井中，被过热的铝液熔化，然后在磁力泵的作用下进入反射炉，往复进行，达到熔炼的目的	烧损小，金属回收率高，适合处理碎的废铝料，如铝屑
	回转炉	利用废铝料的自燃来熔化	节省能源，熔化速度快，炉体体积小

	设备	工艺特点	应用说明
末端治理	集尘室	集尘室投资小，对大于 50 μm 的颗粒有一定的效果，收尘效率可达 50%以上	单纯地设置集尘室不能有效地除去粉尘和吸附在粉尘上的二噁英等，应该设置其他设备
	旋风集尘器	对大于 5 μm 的烟尘颗粒收尘效果好，被广泛采用	——
	喷淋塔	喷淋液中加入碱性物质，可同时去除烟气中的酸性污染物	简单易行，广泛应用
	袋式除尘器	袋式除尘器可收集大于 2 μm 的烟尘颗粒，收尘率可达 99%	适合于再生铝生产行业烟气中颗粒物的净化

第6章 再生铅生产行业二噁英污染控制技术

6.1 基本概念

6.1.1 再生铅行业在我国的发展概况

近年来，我国再生铅企业发展较快，2007 年再生铅产量达到 45 万 t，2012 年达到 140 万 t。我国现有近 300 家再生铅企业，集中分布在江苏省、山东省、安徽省、河北省、河南省、湖北省、湖南省、上海市等，其再生铅产量占全国 80% 以上。但从整体上看，95% 以上都是小型企业，生产能力只有几十吨到几千吨不等。我国再生铅企业尚未对二噁英污染有足够的认识，生产过程缺乏相应的控制措施。

6.1.2 再生铅原料

铅为蓝灰色金属，熔点 327.5℃，沸点 1 525.3℃。中国精铅的消费主要用于铅酸蓄电池的生产，所以废旧蓄电池也是再生铅的主要原料；其次为废旧铅板、铅管和铅合金制品，之后为电缆废铅皮、废印刷合金和少量的铅灰、铅渣等粒状含铅物料。

6.1.3　再生铅生产工艺及炉型

6.1.3.1　再生铅生产工艺

废铅酸电池预处理：进入工厂的废铅酸蓄电池一部分含有硫酸，一部分不含硫酸。废酸主要产生于废铅酸电池的预处理（或拆解）过程，废铅酸电池预处理（或拆解）的第一步就是将废硫酸倒出，并集中处理。

含铅膏泥转化过程：含铅膏泥主要成分是硫酸铅，目前处理技术有两种：一是铅膏泥直接熔炼工艺（国内多数企业采用此技术）；二是对铅膏泥进行转化处理，使之生成碳酸铅。

熔炼过程：目前熔炼过程包括铅膏泥的直接熔炼、铅膏泥与栅极板混合物的熔炼和铅膏泥转化后物料（主要成分为碳酸铅）的熔炼。以上熔炼过程均产生烟气，烟气中的污染物有颗粒状污染物、铅蒸汽、二氧化硫（碳酸铅物料熔炼不产生二氧化硫）。熔炼过程产生的烟气经过布袋除尘器、脱硫塔处理之后排放。

精炼及合金生产：铅精炼和铅合金生产全部在铅精炼锅中进行，由于铅的熔点低（327℃），熔化之后就有铅蒸汽产生。铅精炼锅有密闭烟罩，采用负压操作，烟气中的铅蒸汽在排烟管中形成氧化铅，经过集尘器处理之后排放。

再生铅生产过程的排污节点主要包括原料预处理、铅膏泥转化、熔炼、铅合金精炼等，国内再生铅生产冶炼工艺，见图6-1。产生的污染主要有废酸、二氧化硫、铅蒸气、烟尘和废水等。

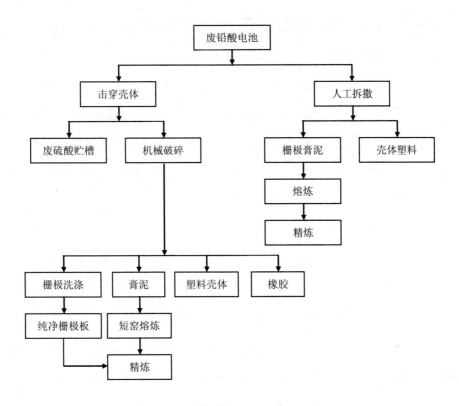

图 6-1　国内再生铅生产冶炼工艺示意图

6.1.3.2　再生铅生产炉型

在生产炉型方面，目前国际上熔炼再生铅的设备主要有鼓风炉、反射炉、回转短窑、电炉、艾萨（或奥斯麦特）和卡尔多炉等。目前采用的再生铅熔炼工艺可以分为三大类：传统的再生铅技术、短窑熔炼技术、原生铅企业将铅浆料加入铅精矿熔炼技术。

（1）传统的再生铅技术

鼓风炉：国内目前仍采用鼓风炉工艺处理废铅的企业多为小企业。鼓风炉处理废铅，关键是要配备好尾气治理系统。

反射炉：采用反射炉工艺处理废铅，目前在国内仍然占主流。

（2）短窑熔炼技术

回转式短窑熔炼技术国内采用得较少。20 世纪末，湖北金洋冶金股份有限公司作为国家"八五"科技攻关项目的示范工程承担单位，从国外引进了该设备，处理经过转化之后的铅浆料，试产效果很好。主要工作原理是将机械化破碎之后分选出来的铅浆料进行转化，使硫酸铅转化为碳酸铅，然后进行短窑熔炼，避免了二氧化硫的污染。

（3）铅浆料加入铅精矿熔炼技术

铅浆料的主要成分是硫酸铅、硫酸、硫酸酸酐、氧化铅等，将破碎并经过分选之后的浆料直接加到铅精矿中进行熔炼，产生的二氧化硫并入原生铅的制酸系统进行综合利用，硫化铅精矿炼铅主要包括烧结焙烧、鼓风炉熔炼等过程。

烧结焙烧：使精矿中的 PbS 氧化为 PbO，并烧结成块。烧结块含铅 40%～50%，含硫低于 2%。一部分二氧化硫浓度高的焙烧烟气可用于生产硫酸。

还原熔炼：将破碎成 100 mm 左右的烧结块配以 10%左右的焦炭装入鼓风炉，从炉的下部鼓入空气或预热空气（250～450℃）或富氧空气，使焦炭燃烧；保持风口区的温度在 1 300℃左右，含有 CO 的高温烟气在炉内向上运动，在此过程中，使炉料中的氧化铅还原成铅、氧化铁等形成炉渣。液体铅和炉渣流入炉缸，进行分离。铅液在向下流动过程中捕集金、银、铜、铋等金属。所得含铅约 98%的粗铅，送往精炼。炉渣含锌量高时，经烟化炉处理回收锌、铅。

①反射炉熔炼

含铅废料的反射炉熔炼，既可以生产粗铅，也可以生产铅合金，故普遍采用。反射炉熔炼再生铅的工艺流程如图 6-2 所示。含铅废料分批进行加料，炉料在反射炉中完全熔化，温度不宜低于 1 050℃，最低不应低于 900℃。铅合金从出料口放出，进入炼铅锅中，在此降温至 380～450℃，之后从熔体表面撇去难熔浮渣，当全部铅合金从炉中放出后，对反射炉进行清渣，炉渣冷却破碎后送鼓风炉处理。

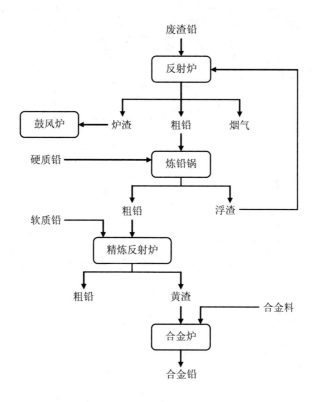

图 6-2　铅的反射炉熔炼工艺示意图

②鼓风炉熔炼

加入鼓风炉的炉料在熔炼炉上部区域进行脱水和预热。当炉料进入较高温度区时，易挥发的化合物开始进入气相，发生高价铅的分解以及金属铅的熔化。当炉料进入高温区时，开始进行氧化物的熔化、还原和造渣过程。熔炼的铅的氧化物落到炽热的焦炭表面上时，因大量存在的 CO 而被迅速还原，液态铅由此很快汇聚于炉缸中。鼓风炉烟气量大，一般烟气要经过旋风除尘和静电除尘后排放。

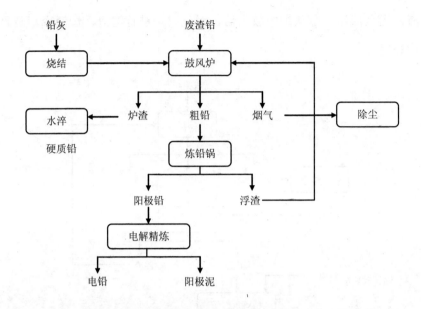

图 6-3   铅的鼓风炉熔炼工艺示意图

③回转式短窑熔炼

短窑的特点是燃烧器、排气装置在一侧，装料和排放渣操作在另一侧，这样就使得燃烧器的火焰在窑内来回穿行两次，热利用率高。短窑可以利用很多种燃料，如重油、轻油、再生油、天然气、碳粉等，熔炼温度可以到达 1 100～1 200℃。回转式短窑熔炼工序见图 6-4。

④电炉熔炼

电炉熔炼，即电弧炉熔炼，其优点是焦炭仅作为还原剂，消耗量小，烟气量小。电弧炉炼铅，即借电流通过炉料熔体时所放出的热和电极与炉料形成电弧的辐射热来提供炉料熔融的温度，电极间电压和电极的浸没深度决定了发热量。

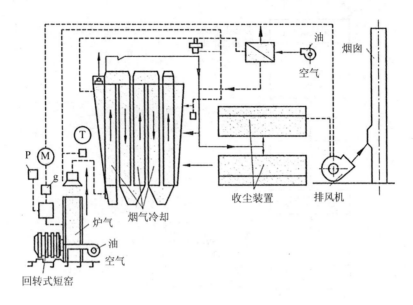

图 6-4　回转式短窑熔炼工序

6.2　影响再生铅生产过程中二噁英生成的因素

再生铅的原料是以废铅酸蓄电池为主，而且占的比例越来越大。再生铅原料中含有有机成分，例如废铅酸蓄电池的塑料壳、有机填料（有 PVC）。这些有机物质如果随原料一起进入熔炼工序，就有可能产生二噁英。再生铅行业的二噁英相对容易控制，将塑料壳和有机填料分离出，可以有效避免产生二噁英，这是再生铅工业控制二噁英的关键所在。有机物分离得越彻底，则消除二噁英的可能性越大，见图 6-5。

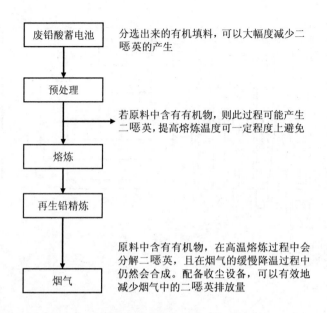

图 6-5   我国再生铅工业二噁英产生工序分析图

其他含铅废料主要是电缆皮、废铅基合金等，这些废料一般不含有机物，因此，在熔炼过程中产生二噁英较少。但值得注意的是，少量铅电缆皮含有油污，在熔炼过程中会产生二噁英。

6.3   国内外成熟的二噁英控制技术

国外总结的再生铅行业二噁英控制技术方法有：

➢   可选用的设备有鼓风炉、ISA 熔融/奥斯麦特炉、旋转熔炉、反射炉。

➢   采用全过程负压状态和封闭式生产，在提高铅的回收率的同时可减少二噁英的排放。

➢   强化预处理过程，控制原料中的油、塑料、油漆等有机物及含氯物质的含量。

> 使用高温高效的熔炼设备优化后续（二次）燃烧过程，控制峰值燃烧速率，缩短炉温在 250～500℃ 的停留时间；同时保持燃烧炉温在 850℃ 或以上，以减少由不完全燃烧生成的有机物。冷却过程中，尽量缩短炉温在低温区间的时间，避免再次生成二噁英。

> 对生成的二噁英，采用活性炭吸附和袋式除尘，可有效地捕集二噁英，控制其对环境的污染。同时收集的滤尘经高温处理，以分解其吸附的二噁英，并回收金属。

> 此外，采用经预处理的含铅废料与矿产铅联合冶炼也是有效的减排途径。

国内再生铅企业熔炼炉以及精炼炉周围的工作场所，由于出炉和加料等情况，周围会有铅烟尘散发出来，通过采用大风量吸风罩吸尘，将加料、出炉等漏出的烟气通过引风装置进入烟道进行处理，可减少铅尘的无组织排放，见图 6-6。

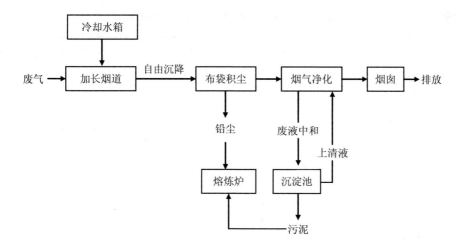

图 6-6　国内某再生铅生产厂烟气处理系统

6.4　再生铅生产行业二噁英防治技术

由于再生铅工业原料单一，基本上是废铅酸蓄电池，而且其中所含的有机成分单一（废塑料壳和有机填料），因此，该行业二噁英的治理相对其他再生有色金属而言容易实施。

对目前我国二噁英污染的末端治理技术而言，国内企业采用的原料预处理技术和布袋除尘器对治理二噁英有一定的效果。

通过对再生铅工业二噁英的产生点及原因进行分析，结合国内外再生铅的原料状况、生产技术、行业现状以及环保技术等情况，推荐适合我国再生铅工业特点的二噁英防治技术（表 6-1）。

表 6-1　再生铅生产行业二噁英防治技术

方法名称	方法描述	适应性	特点及说明
推荐的预处理技术			
废铅酸蓄电池破碎分选工艺	对废铅酸蓄电池进行机械化回收废酸，机械化破碎和分选，去除原料中的塑料、有机物质	适合大型再生铅生产企业，投资较高。建议与固定式熔炼炉配套使用	如加装并严格操作，则不论采用何种炉型，都会减少二噁英的产生
铅再生熔炼的推荐工艺			
配备二次燃烧室的固定式熔炼炉	在固定式熔炼炉的后端配置烟气二次燃烧室	该种工艺适合我国国情，适合于大中型规模的再生铅生产企业	投资低，多数企业可以接受
短窑熔炼	原料直接加入，在旋转的情况下进行熔炼	投资比固定式熔炼炉高	投资较高，机械化程度高，对抑制二噁英的产生效果比较明显
奥斯麦特炉	属浸入式熔池熔炼，铅膏泥从加料口加入进行熔炼	技术比较先进，适合于大型的再生铅企业，但投资高，不太适合国情	上部有二次风通入，提高了烟气中可燃物的燃烧效率，可以破坏形成的二噁英

方法名称	方法描述	适应性	特点及说明
生产过程控制抑制二噁英技术			
提高燃烧温度	二噁英在高于 800℃的情况下被分解，因此，应适当提高炉内温度，尤其是加料熔化阶段	适应于各种类型的企业	
对炉门烟气有效回收	在炉门设置高效的烟罩，对炉门外的烟气进行有效的收集	适应于国内各种类型的企业	可以对炉门外溢的烟气进行有效的回收,对颗粒污染物进行有效的捕集
富氧燃烧	改变传统的燃烧方式，改空气为富氧助燃剂	大中型企业都可以采纳	采用富氧燃烧,有一定的节能效果,可以提高燃烧效率,分解二噁英
末端治理技术			
布袋除尘器	使烟气通过布袋除尘器，烟气中的颗粒污染物被袋式纤维所捕集	适应于各种类型的企业	由于粉尘和金属化合物具有很高的比表面积,容易吸附二噁英
烟气骤冷塔	使烟气在 3～5 s 时间内从800℃降低到300℃以下。常采用根据文丘里原理制造的骤冷塔	适应于大中型再生铅企业	可以减少烟气在缓慢冷却过程中二噁英的再合成
活性炭吸附	活性炭具有高比表面积，能够有效地吸附熔炉尾气中的二噁英，因此可以考虑使用活性炭吸附	适应于各种类型的再生铅企业	

第7章 再生锌生产行业二噁英污染控制技术

7.1 基本概念

7.1.1 再生锌行业在我国的发展概况

我国是世界锌生产大国和消费大国，锌的产量和消费量居世界第一位。锌的再生比铜、铝、铅都困难。金属锌主要应用于冶金产品镀锌和干电池、氧化锌、铜材、压铸合金生产等，不易回收。镀锌板管和锌锰干电池上的锌，目前基本没有回收，而且目前国内锌消费用于镀锌及干电池的比例接近 60%，所以这部分资源浪费损失相当大；而锌以氧化锌的形式，可作为橡胶、油漆、陶瓷等材料的填充剂，一般无法回收；锌应用较大的另一领域是生产黄铜，但黄铜类废料被回收后，通过熔化调质，一般形成新的铜锌合金，而不是作为再生锌使用。因此，在我国锌的各消费领域中，只有锌基合金的铸造合金制品、生产压铸锌合金过程中产生的边角料及残次品可以回收。

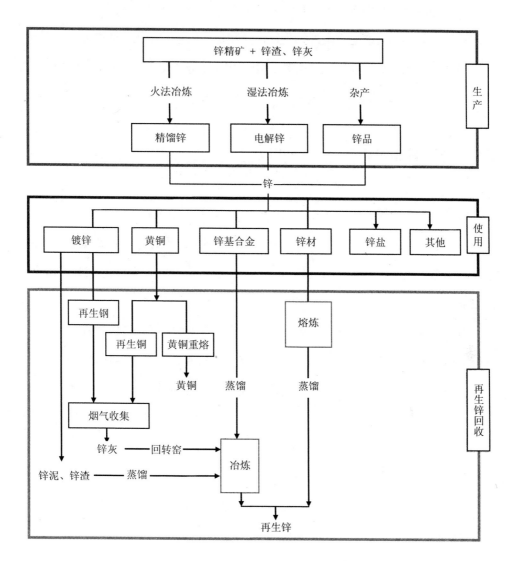

图 7-1　锌的使用及再生途径

　　我国再生锌工艺技术装备水平普遍不高。目前国家对再生锌产业重视度提高，部分规模化再生锌项目上马，如常州华杨锌业有限公司处理回收炼钢烟尘废锌的产能达到 10 万 t；爱励美锌金属（常熟）有限公司新建产能为 3.4 万 t 的再生锌项目；保定鑫昌锌业有限公司建设年产再生锌锭 2 万 t 项目等，但整体上我国再生锌产业相对落后，无论是与国外再生锌产业相比，还是与国内的再生铜、再生铝、再生铅产业相比，都存在较大的差距。根据中国有色金属工业协会再生金属分会的统计，2012 年我国再生锌产量约为 144 万 t。

7.1.2 再生锌原料

锌为蓝白色金属，熔点 420℃，沸点 907℃。锌主要消耗于以下几个行业：镀锌、锌合金、锌锰电池、铜合金和其他行业。我国锌的消费结构大致呈以下比例：镀锌占 40%，电池占 18%，氧化锌占 16%，铜材占 13%，锌合金占 12%，其他的占 1%。

用于镀锌行业的锌，最终从两个渠道进入报废领域：一是镀锌过程中产生的、沉积于镀锌槽底部的锌泥、锌渣，二是附着在钢材和钢制品上的锌。镀锌过程中产生的锌泥的锌含量很高，大约在 70%。在生产热镀锌钢板过程[①]中，将产生占用锌量约 5%的浮渣，就是热镀锌渣。每年我国镀锌行业产生的锌泥、锌渣量约为 10 万 t，但分布相当分散，回收与利用较为困难。

在我国，锌锰电池中的锌几乎没有被回收，原因有三：第一，原国家环境保护总局文件《废电池污染防治技术政策》（环发〔2003〕163 号）不提倡对废电池做集中处理；第二，锌锰电池量虽大，但消费过于分散，用毕后不便于集中回收；第三，由于锌的价值比较低，锌锰电池回收处理的经济效益不是很明显，所以，对锌锰电池的回收处理一直没有得到应有的重视。

综上所述，真正能够为再生锌行业提供原料的是在汽车、摩托车、家用电器、

---

① 钢板热镀锌过程是熔融的锌基合金（如 Zn- Fe- Al）浸没高速运动的钢板，进而在钢板表面生成一层锌基保护层的过程。

五金和玩具等工业产生的压铸锌合金和在镀锌过程中产生的锌渣、锌泥等，但总体数量较小。

7.1.3　再生锌生产工艺及炉型

在锌冶炼工艺上，以湿法炼锌为主，其产量占锌总产量的 80%以上。湿法炼锌首先要通过沸腾炉焙烧脱硫，产出的氧化锌焙砂送湿法炼锌系统生产电锌。湿法炼锌可分为常规法、黄钾铁矾法、针铁矿法、赤铁矿法，前三种方法采用较多。另外还有个别厂家采用全湿法炼锌工艺，即硫化锌精矿直接加压氧浸和常压氧浸工艺。

火法炼锌工艺有竖罐炼锌、横罐炼锌和密闭鼓风炉炼锌。其中竖罐炼锌和横罐炼锌，由于存在环境污染、劳动条件差、能耗高、不利于综合回收等缺点，已基本淘汰；密闭鼓风炉可以处理铅锌混合精矿，能耗低，并能解决火法冶炼的环境污染问题，具有较好的发展前景。

在再生锌生产工艺上，我国再生锌的处理工艺分火法和湿法两种，以火法为主。单纯的锌合金废料一般通过分类，可直接用火法熔炼成相应的合金。锌的废金属杂料一般采用还原蒸馏法或还原挥发富集于烟尘中加以回收，设备主要是平罐蒸馏炉、竖罐蒸馏炉、电热蒸馏炉及回转窑等。对于锌含量为 7%～25%的锌物料，如炼铁或是炼富锰渣的高炉烟尘、炼钢烟尘、湿法炼锌浸出渣、竖罐或是平罐炼锌渣等，由于其熔点（419℃）、沸点（907℃）低，可采用直接蒸馏法回收锌，或是还原蒸馏法完成锌的回收，含锌废料的再生处理工艺见图 7-2。

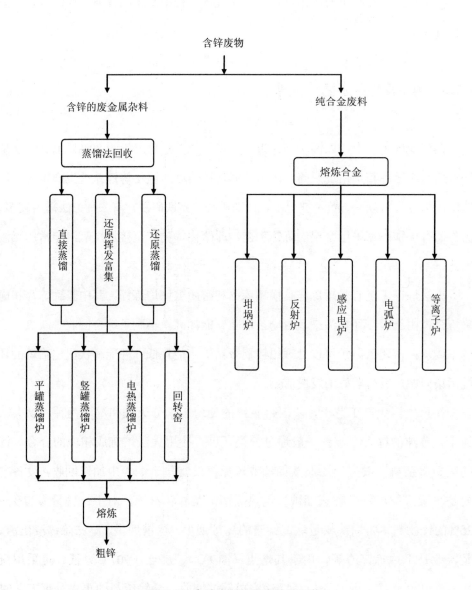

图 7-2 含锌废料的再生处理工艺

7.1.3.1　真空蒸馏法

目前，从热镀锌渣中回收金属锌的方法主要有：常压挥发法、真空蒸馏法以及电解法。常压挥发法主要用于一些私营小企业，方法虽简单，但损失大、污染大，已逐渐被淘汰。

真空蒸馏法主要用于利用锌渣、锌泥生产再生锌，是锌的精炼方法。其基本过程在一卧式、圆筒形真空炉内实现，炉内分蒸发区、冷凝区固体进料和出渣、液体出金属区。间断操作、发热体为三组板状星形连接的石墨电极，在蒸发区上部加热。控制炉温 700～1 000℃，真空度 $133.3 \times 10 \sim 133.3 \times 10^{-1}$Pa。蒸馏产品据原料含杂质而定，可以得 1 号和 2 号锌。

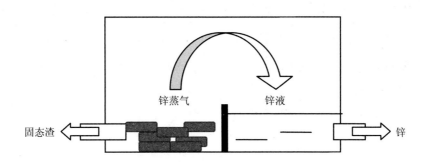

图 7-3　卧式真空蒸馏炉基本工作原理

（1）装料：根据原料的大小，可采用人工或机械方式加料，为了充分利用真空炉的有效容积，要求原料尽可能规整，便于放置。

（2）真空蒸馏：因为卧式真空蒸馏炉在 1 000℃左右的温度下作业，因此必须要保证冷却水供给，否则会烧损设备，影响正常生产。为保证用水安全、可靠，一般设置高低位水池各一个，保证断电时不断水。加料完毕，在保证接通水源的前提下，抽真空至一定压力时接通电源，升温至规定温度后保温一定时间，期间按规程监测炉内温度和真空度的变化。真空蒸馏过程中采用氩气保护。

（3）放料、除渣：完成蒸馏后，停电降温，降至一定温度后，解除真空，放料浇铸成锭，然后除渣，装入原料进入下一工作周期。真空蒸馏工艺达到的经济技术指标是：热镀锌渣经过真空蒸馏产出的粗锌产品中含锌大于 99%，含 Fe 小于 0.003%；锌的直收率大于 85%，最高可达 95%；产渣率小于 15%；电耗小于 1 800 kW·h/t 热镀锌渣。

7.1.3.2   回转窑－威尔兹（Wealz）工艺

回转窑主要用于利用锌灰生产再生锌。回转窑处理含锌物料时，物料与还原剂（焦粉或是无烟煤）混合均匀后，从窑尾加入到具有一定倾斜度的回转窑内，炉料随着窑的转动而翻滚，并从另一端流出。窑头燃烧室产生的高温炉气会与物料逆向流动，炉料中的金属氧化物与还原剂接触并被还原。窑内最高温度达到 1 100～1 300℃，约 90%的锌转为气相，进入高炉烟尘中，见图 7-4 和图 7-5。

7.1.3.3   含锌废料的电炉处理工艺

利用电弧炉熔炼生产锌粉的原料是锌培砂、铸型渣和镀锌渣，熔剂一般用石英。流程见图 7-6。炉料先在烘焙炉中加热到 500～600℃，水分降低至 0.4%以下。在电弧炉中，电极与炉渣接触处的温度高达 1 500℃以上，整个熔池在 1 250～1 300℃下将炉料还原成锌蒸气，锌蒸气经过冷却器冷凝成锌粉，之后通过沉降收集。

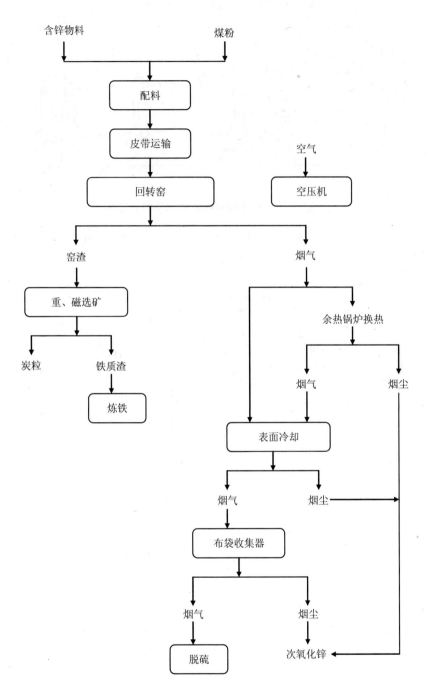

图 7-4 含锌废料的威尔兹再生处理工艺

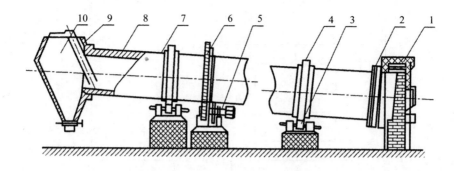

图7-5　含锌废料的威尔兹回转炉结构图

1-燃烧室；2-密封环；3-托轮；4-领圈；5-电动机；6-齿轮；7-窑身；8-窑内衬；9-下料管；10-沉降室

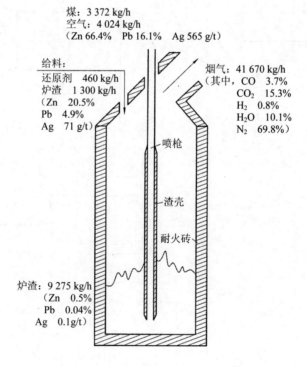

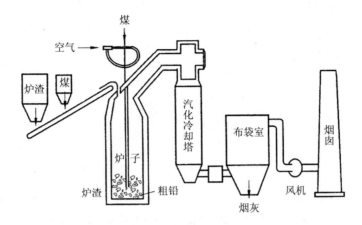

图 7-6　电弧炉熔炼锌工艺示意图

7.2　再生锌生产行业二噁英防治技术

➤ 强化预处理过程，控制原料中的油、塑料、油漆等有机物及含氯物质的含量。

➤ 使用高温高效的熔炼设备优化后续（二次）燃烧过程，控制燃烧速率，保持燃烧炉温在 850℃或以上，以减少由不完全燃烧生成的有机物。冷却过程中，尽量缩短炉温在 250～500℃的时间。

➤ 对已生成的二噁英，采用活性炭吸附和袋式除尘，可有效捕集二噁英，并对回收粉尘进行高温处理。

➤ 在再生锌的冶炼回收过程中，由于原料来源复杂，而且对产品的要求不同，可选用不同工艺，如真空蒸馏工艺、回转窑－威尔兹工艺、电炉处理工艺等，针对工艺二噁英产生的节点，优化尾气收集和处理系统。

参考文献

[1] Ba，T.，Zheng，M. H.，Zhang，B.，et al. Estimation and characterization of PCDD/Fs and dioxin-like PCB emission from secondary zinc and lead metallurgies in China[J]. J Environ Monitor，2009，11（4）：867-872.

[2] Ba，T.，Zheng，M. H.，Zhang，B.，et al. Estimation and characterization of PCDD/Fs and dioxin-like PCBs from secondary copper and aluminum metallurgies in China[J].Chemosphere，2009，75（9）：1173-1178.

[3] Breivik，K.，Vestreng，V.，Rozovskaya，O.，et al. Atmospheric emissions of some POPs in Europe：a discussion of existing inventories and data needs[J].Environ Sci Policy 2006，9（7-8）：663-674.

[4] Chi，K. H.，Chang，M. B.，Chang-Chien，G. P.，et al. Characteristics of PCDD/F congener distributions in gas/particulate phases and emissions from two municipal solid waste incinerators in Taiwan[J].Sci Total Environ，2005，347（1-3）：148-162.

[5] Chi，K. H.，Chang，S. H.，Huang，C. H.，et al. Partitioning and removal of dioxin-like congeners in flue gases treated with activated carbon adsorption[J].Chemosphere，2006，64（9）：1489-1498.

[6] Everaert，K.，Baeyens，J.. The formation and emission of dioxins in large scale thermal processes[J].Chemosphere，2002，46（3）：439-448.

[7] Everaert，K.，Baeyens，J.，Creemers，C.. Adsorption of dioxins and furans from flue gases in an entrained flow or fixed/moving bed reactor[J]. J Chem Technol Biot，2003，78（2-3）：213-219.

[8] Fiedler，H.. National PCDD/PCDF release inventories under the Stockholm convention on persistent organic pollutants[J]. Chemosphere，2007，67（9）：S96-S108

[9] Gan，S.，Goh，Y. R.，Clarkson，P. J.，et al.Formation and elimination of polychlorinated dibenzo-p-dioxins and polychlorinated dibenzofurans from municipal solid waste incinerators[J]. Combust Sci Technol，2003，175（1）：103-124.

[10] Gao，H. C.，Ni，Y. W.，Zhang，H. J.，et al. Stack gas emissions of PCDD/Fs from hospital waste incinerators in China[J]. Chemosphere，2009，77（5）：634-639.

[11] Gonzalez，J.，Feng，L.，Sutherland，A.，et al. PCBs and dioxins/furans in attic dust collected near former PCB production and secondary copper facilities in Sauget，IL[J]. Procedia Environmental Sciences，2011（4）：113-125

[12] Halonen，I.，Tarhanen，J.，Ollikainen，S.，et al. The effect of inorganic and organic chlorine on formation of highly chlorinated organic-compounds during incineration - laboratory pilot-study[J]. Chemosphere，1994，28（12）：2129-2138.

[13] Hirota，K.，Hakoda，T.，Taguchi，M.，et al. Application of electron beam for the reduction of PCDD/F emission from municipal solid waste incinerators[J]. Environ Sci Technolc，2003，37（14）：3164-3170.

[14] Jay K，Stieglitz L.. On the mechanism of formation of polychlorinated aromatic compounds with copper（II）chloride[J]. Chemosphere，1991，22（11）：987-995

[15] Lee，C.-C.，Shih，T.-S.，Chen，H.-L.. Distribution of air and serum PCDD/F levels of electric arc furnaces and secondary aluminum and copper smelters[J]. J Hazard Mater，2009，172（2-3）：1351-1356.

[16] Lee，C. W.，Kilgroe，J. D.，Raghunathan，K.. Effect of soot and copper combustor deposits on dioxin emissions[J]. Environ Eng Sci，1998，15（1）：71-84

[17] McKay，G. Dioxin characterisation，formation and minimisation during municipal solid waste（MSW）incineration：review[J]. Chem Eng J 2002，86（3）：343-368.

[18] Ni，Y. W.，Zhang，H. J.，Fan，S.，et al. Emissions of PCDD/Fs from municipal solid waste incinerators in China[J]. Chemosphere 2009，75（9）：1153-1158

[19] Olie，K.，Vermeulen，P. L.，Hutzinger，O.. Chlorodibenzo-p-dioxins and chlorodibenzofurans are trace components of fly ash and flue gas of some municipal incinerators in the Netherlands[J]. Chemosphere，1977（6）：455-459.

[20] Opie，W. R..Technology of secondary copper smelting and refining[J]. Journal of Metals，1984，36（12）：68-68.

[21] Quass，U.，Fermann，M.W.，Broker，G.. Steps towards a European dioxin emission inventory[J]. Chemosphere，2000，40（9-11）：1125-1129.

[22] Reddy，R. G.，Prabhu，V. L.，Mantha，D.. Recovery of copper from copper blast furnace slag[J]. Miner Metall Proc，2006，23（2）：97-103

[23] Ross B J，Naikwadi KP，Karasek F W. Kinetic study of PCDD formation from a model chlorinated precursor by catalytic activity of MSW incin2 erator fly ash[J]. Organohalogen Compd，1990，3：147-150

[24] Ruokojarvi，P.，Asikainen，A.，Ruuskanen，J.，et al. Urea as a PCDD/F inhibitor in municipal waste incineration[J]. J Air Waste Manage，2001，51（3）：422-431.

[25] Ruokojarvi, P. H., Asikainen, A. H., Tuppurainen, K. A., et al. Chemical inhibition of PCDD/F formation in incineration processes[J]. Sci Total Environ, 2004, 325（1-3）: 83-94.

[26] Schwartz, W.. Whereabouts of minor constituents during smelting and refining of secondary copper and cupriferous residues[J]. Metall, 1980, 34（2）: 121-124.

[27] Shi, D. Z., Wu, W. X., Lu, S. Y., et al. Effect of MSW source-classified collection on the emission of PCDDs/Fs and heavy metals from incineration in China[J]. J Hazard Mater, 2008, 153（1-2）: 685-694.

[28] Shin, K. J., Chang, Y. S.. Characterization of polychlorinated dibenzo-p-dioxins, dibenzofurans, biphenyls, and heavy metals in fly ash produced from Korean municipal solid waste incinerators[J]. Chemosphere, 1999, 38（11）: 2655-2666.

[29] Van den Berg, M., Birnbaum, L. S., Denison, M., et al. The 2005 World Health Organization reevaluation of human and mammalian toxic equivalency factors for dioxins and dioxin-like compounds[J]. Toxicol Sci, 2006, 93（2）: 223-241.

[30] Wang LC, Hsi HC, Wang YF, et al. Distribution of polybrominated diphenyl ethers（PBDEs）and polybrominated dibenzo-p-dioxins and dibenzofurans（PBDD/Fs）in municipal solid waste incinerators[J]. Environ Pollut, 2010（158）: 1595-1602

[31] Wang, L. C., Hsi, H. C., Wang, Y. F., et al. Distribution of polybrominated diphenyl ethers（PBDEs）and polybrominated dibenzo-p-dioxins and dibenzofurans（PBDD/Fs）in municipal solid waste incinerators[J]. Environ Pollut, 2010, 158（5）: 1595-1602.

[32] Wang, Y. H., Lin, C., Lai, Y. C., et al. Characterization of PCDD/Fs, PAHs, and heavy metals in a secondary aluminum smelter[J]. J Environ Sci Heal A, 2009, 44（13）: 1335-1342.

[33] Wikstrom, E., Ryan, S., Touati, A., et al. Key parameters for de novo formation of polychlorinated dibenzo-p-dioxins and dibenzofurans[J]. Environ Sci Technol, 2003, 37（9）: 1962-1970.

[34] Yan, J. H., Chen, T., Li, X. D., et al.Evaluation of PCDD/Fs emission from fluidized bed incinerators co-firing MSW with coal in China[J]. J Hazard Mater, 2006（135）: 1-3.

[35] Yu, K. M., Lee, W. J., Tsai, P. J., et al. Emissions of polychlorinated dibenzo-p-dioxins and dibenzofurans（PCDD/Fs）from both of point and area sources of an electric-arc furnace-dust treatment plant and their impacts to the vicinity environments[J]. Chemosphere, 2010, 80（10）: 1131-1136.

[36] Zheng, G. J., Leung, A. O. W., Jiao, L. P., et al.Polychlorinated dibenzo-p-dioxins and dibenzofurans pollution in China: sources, environmental levels and potential human health impacts[J]. Environ Int, 2008, 34（7）: 1050-1061.

[37] 孔明，王晔. 中国再生锌工业[J].有色金属，2010（5）：51-54.

[38] 张江徽，陆钟武. 锌再生资源与回收途径及中国再生锌现状[J].资源科学，2007，29（3）：86-92.

[39] 张希忠. 中国再生铜工业现状及发展前景[J]. 有色金属再生与利用，2003（2）：11-13

[40] 白良成. 生活垃圾焚烧处理工程技术[M]. 北京：中国建筑工业出版社，2009：305-349

[41] 李广田，刘喜海，施月循. 冶金工程概论 [M]. 2 版.沈阳：东北大学出版社，2010：142-150

[42] 李明照. 有色金属冶炼工艺[M]. 北京：化学工业出版社，2010：13-108

[43] 乐颂光，鲁君乐，何静. 再生有色金属生产（修订版）[M]. 湖南：中南大学出版社，2006：71-99

[44] 余刚，牛军锋，黄俊，等. 持久性有机污染物——新的全球性环境问题[M]. 北京：科学出版社，2006：10-12

[45] 联合国环境规划署. 关于持久性有机污染物的斯德哥尔摩公约. [EB/OL]. [2001-5-22]. http://chm.pops.int/TheConvention/PublicAwareness/10thAnniversary/tabid/2231/Default.aspx.

[46] 国务院. 中国履行<关于持久性有机污染物的斯德哥尔摩公约>国家实施计划. [EB/OL]. [2007-5-27]. http://www.pops.int/documents/implementation/nips/submissions/China_NIP_En.pdf.

[47] 国务院. 全国主要行业持久性有机污染物污染防治"十二五"规划. [EB/OL]. [2012-2-2] .http://www.gov.cn/gzdt/2012-02/02/content_2057205.htm.

[48] 环境保护部. 关于加强二噁英污染防治的指导意见. [EB/OL]. [2010-11-16]. http://www.mep.gov.cn/gkml/hbb/bwj/201011/t20101104_197138.htm.

[49] 环境保护部. 关于开展全国持久性有机污染物调查的通知. [EB/OL]. [2006-12-30]. http://www.mep.gov.cn/gkml/zj/wj/200910/t20091022_172436.htm.

[50] 环境保护部. 关于开展 2009 年全国持久性有机污染物更新调查的通知. [EB/OL]. [2009-6-26]. http://www.mep.gov.cn/gkml/hbb/bgt/200910/t20091022_174801.htm.

[51] 国家统计局. 持久性有机污染物排放统计报表制度公告. [EB/OL]. [2011-5-18]. http://www.stats.gov.cn/tjfw/bmdcxmsp/bmdcspgg/201105/t20110511_60404.html.

[52] 环境保护部. 二噁英污染防治技术政策（征求意见稿） [EB/OL]. [2013-1-8]. http://www.zhb.gov.cn/gkml/hbb/bgth/201301/t20130111_245024.htm.

[53] 环境保护部. 再生有色金属工业污染物排放标准-铜，铝和铅（征求意见稿）. [EB/OL]. [2010-11-10]. http://www.zhb.gov.cn/gkml/hbb/bgth/201011/t20101119_197756.htm.

[54] 工业和信息化部. 铜冶炼行业准入条件（2006） [EB/OL]. [2013-5-16]. http://www.sdpc.gov.cn/fzgggz/jjyx/zhdt/200607/t20060721_77240.html.

[55] 工业和信息化部. 铝行业准入条件（2007） [EB/OL]. [2012-8-27]. http: www.miit.gov.cn/n11293472/n11505629/n11506364/n11513631/n11513880/n11927781/14807195.html

[56] 工业和信息化部. 再生铅行业准入条件 [EB/OL]. [2012-8-27]. http: //www.miit.gov.cn/ n11293472/n11505629/n11506364/n11513631/n11513880/n11927781/14807195.html.

[57] 联合国环境规划署. 针对斯德哥尔摩公约第五条和附件 C 的最佳可行技术和最佳环境实践. [EB/OL]. http: //chm.pops.int/Implementation/BATandBEP/Overview/tabid/371/Default.aspx

[58] 国家统计局. 中国统计年鉴（2012）. [EB/OL]. http: //www.stats.gov.cn/tjsj/ndsj/2012/indexch.htm

[59] 环境保护部. 中国统计年鉴（2001-2010）. [EB/OL]. http: //zls.mep.gov.cn/hjtj/qghjtjgb/.

[60] 环境保护部. 中国统计年鉴（2001-2010）. [EB/OL]. http: //zls.mep.gov.cn/hjtj/qghjtjgb/.

[61] 环境保护总局. 环境保护产品认定技术要求 生活垃圾焚烧炉[S]. HBC 33—2004.2004.

[62] 环境保护部，国家发展改革委. 国家危险废物名录. [EB/OL]. http: //www.mep.gov.cn/ gkml/hbb/bl/200910/t20091022_174582.htm.

[63] 卫生部，国家保护总局. 医疗废物分类明录. [EB/OL]. http: //wuxizazhi.cnki.net/Search/ WSGB200304012.html.

[64] 环境保护总局. 废电池污染防治技术政策[EB/OL]. [2003-10-9]. http: //www.zhb.gov.cn/ info/gw/huanfa/200310/t20031009_86653.htm.

[65] 环境保护部. 环境空气质量标准[S]. GB 3095—2012.

[66] 环境保护总局 地表水环境质量标准[S]. GB 3838—2002.

[67] 环境保护局. 土壤环境质量标准[S]. GB 15618—1995.

[68] 环境保护部. 生活垃圾焚烧污染控制标准[S]. GB 18485—2014.

[69] 环境保护总局. 危险废物焚烧污染控制标准[S]. GB 18484—2001.

[70] 环境保护部. 危险废物集中焚烧处置工程建设技术规范[S]. HJ/T 176—2005.

[71] 环境保护部. 医疗废物集中焚烧处置工程建设技术规范[S]. HJ/T 177—2005.

[72] 环境保护部. 水泥窑协同处置固体废物污染控制标准 [S]. GB 30485—2013.

[73] 环境保护部. 水质 二噁英类的测定 同位素稀释高分辨气相色谱—高分辨质谱法[S]. HJ 77.1—2008.

[74] 环境保护部. 环境空气和废气 二噁英类的测定 同位素稀释高分辨气相色谱—高分辨质谱法[S]. HJ 77.2—2008.

[75] 环境保护部. 固体废物 二噁英类的测定 同位素稀释高分辨气相色谱—高分辨质谱法[S]. HJ 77.3—22008.

[76] 环境保护部. 土壤和沉积物 二噁英类的测定 同位素稀释高分辨气相色谱—高分辨质谱法[S]. HJ 77.4—2008.

[77] 卫生部. 食品中二噁英及其类似物毒性当量的测定[S]. GB/T 5009.205—2013.

[78] 国家质量监督检验检疫总局. 饲料中二噁英及二噁英类多氯联苯的测定 同位素稀释高分辨气相色谱—高分辨质谱法[S]. GB/T 28643—2012.